AF340446

CHIMIE

RÉSUMÉS SYNOPTIQUES

A L'USAGE DES CANDIDATS

aux divers Baccalauréats de l'Enseignement secondaire classique
de l'Enseignement secondaire moderne

ET AUX BREVETS DE CAPACITÉ

AUGMENTÉS D'EXERCICES RÉSOLUS ET A RÉSOUDRE

PROPOSÉS DANS DIVERS EXAMENS

PAR

VICTOR BÉTHOUX
AGRÉGÉ DES SCIENCES PHYSIQUES
PROFESSEUR DE PHYSIQUE AU LYCÉE DE TOULOUSE

JEAN LAFFON
PROFESSEUR DE PHYSIQUE
A L'ÉCOLE PRIMAIRE SUPÉRIEURE DE TOULOUSE

PARIS

LIBRAIRIE CLASSIQUE EUGÈNE BELIN
BELIN FRÈRES
RUE DE VAUGIRARD, 52

1898

Propriétés des corps. — Cristallisation.

Comment on doit étudier les corps.

But de la chimie. — La chimie a pour but d'étudier les propriétés des corps simples ou composés qu'on trouve dans la nature, ou qu'on peut produire artificiellement.

Pour étudier rationnellement un corps quelconque, il convient de décrire, sa préparation d'abord, puis ses diverses propriétés.

Préparation. — La préparation d'un corps consiste à indiquer les divers moyens de l'obtenir à l'état de pureté, s'il existe à l'état de mélange ou de combinaison avec d'autres corps, ou encore, les moyens de combiner entre eux les éléments plus simples qui le constituent.

Propriétés diverses.

Organoleptiques — Ce sont celles qui affectent nos organes : ainsi la couleur, l'odeur, la saveur, la dureté, etc.; mais elles ne suffisent pas pour caractériser le corps.

Physiques. — Les propriétés physiques sont caractéristiques : ainsi la **densité**, la **solubilité** (poids du corps dissous à une température donnée, dans un poids donné de liquide), la **température** et la **pression critiques**, le **point de fusion**, de vaporisation, et enfin la **forme cristalline** quand le corps est solide.

Physiologiques. — Ces propriétés ont trait aux actions exercées par le corps sur l'économie, et elles sont souvent importantes à connaître, puisque certains corps sont de violents poisons.

Chimiques. — Avec les propriétés chimiques, on étudie d'abord l'action exercée par la chaleur, la lumière ou l'électricité sur le corps; puis les circonstances qui lui permettent de s'unir à d'autres corps de la chimie, et théoriquement, ces nouvelles combinaisons sont en nombre infini. On signalera les principales.

Cristallisation.

Quand un corps à l'état liquide ou gazeux redevient solide, il prend en général des formes régulières géométriques, caractéristiques, qu'on appelle des *cristaux.*

Moyens de la produire.
1º Par *fusion* dans un creuset. — C'est le cas du soufre, des métaux en général.
2º Par *sublimation.* — C'est le cas des substances solides volatiles, comme le camphre, l'iode, le phosphore, l'acide benzoïque, la naphtaline, etc...
3º Par *dissolution.* — C'est le cas des sels en général qui fournissent de gros cristaux, soit en faisant refroidir l'eau qui a servi à les dissoudre, soit en la faisant évaporer lentement. (Sel marin, sulfate de cuivre.)

Types cristallins. — Les formes cristallines des divers corps sont très nombreuses, mais on a pu les ramener à 6 formes géométriques simples, qu'on appelle les 6 *types cristallins.* — Ce sont : le **cube**, le **prisme droit à base carrée**, le **prisme droit à base rectangle**, le **prisme droit hexagonal**, le **prisme oblique à base rectangle**, et le **prisme oblique à base parallélogramme**.

Loi d'Haüy. — Toutefois quand on dit qu'un corps cristallise dans le premier système, cela ne veut pas dire que c'est un cube, mais un corps qui dérive du cube d'après la loi de Haüy = **Toute modification qui affecte un élément d'un cristal, affecte aussi tous les autres éléments identiques.** C'est ainsi que l'octaèdre régulier dérive du cube, ou appartient au cube (fig. 1 et 2).

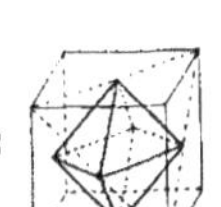
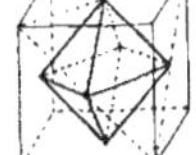

Isomorphisme. — Les substances *isomorphes* sont celles qui cristallisent sous la même forme et ensemble en toutes proportions. — Elles ont une constitution chimique analogue (Mitscherlich). Exemple : Aluns.

Dimorphisme. — Une substance est *dimorphe* quand elle peut cristalliser dans deux systèmes différents (Soufre).

Remarque. — La cristallisation permet de purifier les corps.

Lois des combinaisons.

Lois des combinaisons.

Pour que deux corps se combinent il faut :

1° Qu'ils soient mis intimement en contact, c'est-à-dire que l'un des deux au moins so[it] liquide ou gazeux. Exemple : (combinaison du cuivre avec le soufre en fusion).
2° L'intervention des agents physiques, comme la chaleur, la lumière ou l'électricité. Exemple : oxygène et hydrogène; oxygène et azote; chlore et hydrogène.

Caractères de la combinaison.

1° Toute combinaison est accompagnée d'un dégagement de chaleur, de lumière o[u] d'électricité. Pour certains corps au contraire, il y a absorption d'énergie sous forme de ch[a]leur, de lumière, etc...
2° Les propriétés du composé diffèrent totalement de celles des éléments constituants, [ce] qui permet de distinguer une combinaison d'un mélange, où les éléments conservent tou[t] leurs caractères propres.

Loi de Lavoisier.

Le poids d'un composé est égal à la somme des poids des éléments composants.
Autre traduction — *Rien ne se perd, rien ne se crée* — (Principe de la conservation de [la] matière).

Loi de Proust.

Dans un composé, le rapport des poids des éléments constituants est invariable.

Loi de Dalton.

Quand deux corps forment plusieurs composés, les poids de l'un d'eux qui se combinent à un poi[ds] invariable de l'autre, sont entre eux dans des rapports simples.
Exemple : Composés oxygénés de l'azote, du chlore, etc.

Conséquence.

Les deux lois précédentes s'expliquent si l'on admet que la matière n'est pas divisible [à] l'infini, et on appelle *molécule* le degré ultime de cette division. La molécule elle-mêm[e] pourra être formée de un ou plusieurs atomes des éléments constituants; ces atomes n[e] pouvant pas exister libres, mais pouvant se grouper autrement pour former les molécule[s] d'autres corps.

Lois de Gay-Lussac.

Elles sont relatives aux combinaisons des corps gazeux.
1° Quand deux gaz se combinent, leurs volumes sont dans des rapports simples.

Exemple :
1 vol. Hydrogène + 1 vol. Chlore = 2 vol. acide chlorhydrique.
2 vol. — + 1 vol. Oxygène = 2 vol. vapeur d'eau.
3 vol. — + 1 vol. Azote = 2 vol. ammoniaque.

2° Le volume du composé est dans un rapport simple avec les volumes des composants.
Dans les trois exemples précédents, on a en effet 2 vol. du composé, et les rapports sont $\frac{2}{1}, \frac{2}{2}, \frac{2}{3}$. — On voit aussi que lorsque les volumes des composants sont inégaux, il y [a] contraction de $\frac{1}{3}$ ou de $\frac{1}{2}$.

Loi d'Avogadro.

Les propriétés des gaz étudiées en physique, nous montrent que les gaz suivent approximativement la l[oi] de Mariotte et qu'ils ont aussi à peu près le même coefficient de dilatation. Ces deux propriétés caractéris[t]iques deviennent faciles à concevoir, si l'on admet d'après Avogadro et Ampère, qu'un même volume d'un g[az] simple ou composé contient le même nombre de molécules, ce qui revient à dire : Que la molécule d'un gaz simp[le] ou composé occupe le même volume.

Conséquence.

Comme conséquence de cette loi, nous allons pouvoir établir simplement la constitution des molécules d[es] composés précédents, et définir ce qu'on appelle *l'atomicité*, le *poids moléculaire*, et enfin le *poids atomiq[ue]* d'un corps simple.

Nomenclature et notations symboliques.

La nomenclature a pour but de donner aux corps composés des noms qui indiquent les éléments dont ils sont formés. La notation symbolique représente par des abréviations, soit les corps simples, soit les corps composés.

Corps simples.

On doit leur donner des noms quelconques. Ainsi : soufre, carbone, fer, cuivre, etc. On les représente symboliquement par la première lettre de leur nom, en ajoutant une seconde petite lettre si plusieurs corps commencent par la même lettre. Ainsi : oxygène O, hydrogène H, carbone C, cuivre Cu, calcium Ca, chlore Cl... Par exception, le mercure se représente par Hg, le potassium par K, le sodium par Na, l'antimoine par Sb, l'étain par Sn, etc.

On les divise en :
- **Métalloïdes**, corps sans éclat, mauvais conducteurs de la chaleur et de l'électricité.
- **Métaux**, corps brillants, quand ils sont polis, et bons conducteurs de la chaleur et de l'électricité.

Composés binaires.

1º — S'il s'agit de la combinaison d'un métalloïde avec un métal, on ajoute au métalloïde la terminaison **ure**.

Ainsi : **Chlorure de cuivre, azoture de zinc, sulfure de fer, phosphure de calcium.**

Les symboles de ces composés s'obtiendront en réunissant les symboles des deux corps simples qui les forment, et en mettant en exposant le nombre des atomes multiples. Ainsi, en tenant compte de la valence des métaux, les divers chlorures s'écriront :

$$KCl,\ AgCl,\ CaCl^2,\ CuCl^2,\ BiCl^4,\ AuCl^3,\ PtCl^5,\ SnCl^4.$$

2º — Quand l'oxygène fait partie de la combinaison, elle porte le nom général d'*oxyde*. Trois cas se présentent :

1er Cas. — Le composé est sans action sur la teinture de tournesol ; alors il conserve simplement le nom d'oxyde.

Ainsi : Az^2O **protoxyde d'azote** ; AzO **bioxyde d'azote** ; CO **oxyde de carbone.**

2e Cas. — Le composé mis en présence de l'eau, rougit la teinture de tournesol, comme le vinaigre. On a alors un anhydride, qu'on désigne en ajoutant la terminaison **ique** au métalloïde s'il existe seul, et en se servant de la terminaison **eux** pour le moins oxygéné, quand il en existe deux. S'il y en avait plus de deux, on pourrait encore se servir des préfixes *hypo*, *hyper* ou *per*. Ainsi :

Anhydride phosphorique P^2O^5	Anhydride hypochloreux Cl^2O
— phosphoreux P^2O^3	— — chloreux Cl^2O^3

3e Cas. — Le composé mis en présence de l'eau ramène au bleu la teinture de tournesol préalablement rougie.

Ces oxydes sont alors appelés *basiques*, mais sont désignés sous le nom générique d'oxydes.

Ainsi : Ag^2O **oxyde d'argent** ; ZnO **oxyde de zinc** ; K^2O **oxyde de potassium** ; CaO **oxyde de calcium.**

Composés ternaires.

1º — La plupart des oxydes métalliques peuvent se combiner avec l'eau et donnent alors des bases.

Ainsi : $K^2O + H^2O = 2(KOH)$ **hydrate d'oxyde de potassium ou potasse.**

$CaO + H^2O = Ca(OH)^2$ **hydrate d'oxyde de calcium ou chaux hydratée.**

2º — Les anhydrides peuvent se combiner avec 1, 2, 3 molécules d'eau, et donnent des acides désignés aussi par les terminaisons *eux* ou *ique*. Ainsi :

$SO^3 + H^2O = SO^4H^2$ **acide sulfurique.**

$P^2O^5 + 3H^2O = 2(PO^4H^3)$ **acide phosphorique.**

$P^2O^3 + 3H^2O = 2(PO^3H^3)$ **acide phosphoreux.**

Sels et notions de Thermochimie.

Un acide peut remplacer ses atomes d'hydrogène par des atomes d'un métal, et le résultat de cette substitution est un sel. Pour nommer ce sel, on nomme l'acide, puis le métal, mais en changeant les terminaisons *ique* et *eux* en ate et ite. Ainsi : **carbonate de zinc, azotate de cuivre, azotite de potassium, hypochlorite de sodium.**

Suivant que la molécule de l'acide peut échanger. 1, 2, 3 atomes d'hydrogène contre 1, 2, 3 atomes de potassium monovalent, l'acide est dit, **monobasique, bibasique, tribasique,** etc. Les sels auront les formules suivantes :

Acide monobasique. — L'acide azotique a pour formule AzO^3H, ou $(AzO^3)^2H^2$, ou $(AzO^3)^3H^3$ etc.; suivant la valence du métal, les sels s'écriront : AzO^3K, $(AzO^3)^2Cu$, $(AzO^3)^3Bi$.

Acide bibasique. — L'acide sulfurique bibasique a pour formule SO^4H^2. Ses sels auront pour formules :

SO^4K^2 sulfate neutre
SO^4HK — acide   ou SO^4Zn pour un métal bivalent.

Acide tribasique. — L'acide phosphorique PO^4H^3 ou $(PO^4)^2H^6$ est tribasique. Ses sels auront pour formules :

Métal monovalent : PO^4K^3, PO^4HK^2, PO^4H^2K. — Métal bivalent : $(PO^4)^2Ca^3$, $(PO^4)^2H^2Ca^2$, $(PO^4)^2H^4Ca$. — Métal trivalent : PO^4Bi'''.

Remarque. — Quand tout l'hydrogène n'est pas remplacé par le même métal, un autre métal peut achever la substitution; on a alors des *sels doubles* : ainsi $PO^4K Mg$, $(PO^4)^2K^4Ca^4$, etc.

Lorsque deux corps se combinent, on admet que leurs atomes se précipitent les uns sur les autres, et que de ces chocs minuscules, mais excessivement nombreux, résulte la chaleur dégagée dans cette combinaison. Cette chaleur mesure ce qu'on appelle l'*affinité* des deux corps l'un pour l'autre. On conçoit donc, que si l'on avait au préalable mesuré les chaleurs de combinaison des corps pris deux à deux, il serait possible dans des circonstances déterminées, de prévoir les réactions qui pourront s'accomplir. Cette étude a été faite très complètement par M. Berthelot, et il en a donné les principes dont les deux plus importants sont les suivants :

1° La quantité de chaleur dégagée dans une réaction, mesure la somme des travaux chimiques et physiques accomplis dans cette réaction. (C'est en définitive le principe de l'équivalence de la chaleur et du travail appliqué à la chimie.)

2° **Principe du travail maximum.** Quand une réaction s'accomplit sans l'intervention d'une énergie étrangère, elle tend à produire le corps, ou le système des corps qui dégagent le plus de chaleur.

Ainsi :
$$H^2 + Cl^2 \text{ gaz} = 2HCl \text{ dissous} + 78600 \text{ cal.}$$
$$H^2 + Br^2 \text{ gaz} = 2HBr \text{ dissous} + 67000 \text{ cal.}$$
$$H^2 + I^2 \text{ gaz} = 2HI \text{ dissous} + 37000 \text{ cal.}$$
donc Cl déplacera Br en dégageant 41600 cal. / I — 41600 cal. / Br déplacera I en dégageant 30000 cal.

Il faut bien remarquer cependant que le principe du travail maximum indique simplement que la réaction est possible, mais nullement nécessaire. Ainsi, quoique la combinaison de l'azote et de l'hydrogène dégage de la chaleur, si on cherche à combiner ces deux gaz par l'étincelle, on n'obtient que des quantités insignifiantes d'ammoniaque, tandis que les étincelles, dans les mêmes conditions, décomposeraient facilement l'ammoniaque.

Hydrogène.

Hydrogène.

Préparations

avec l'eau.

1° décomposée par la pile — moyen utilisé pour gonfler les ballons dans l'armée.
2° — par les métaux alcalins, K ou Na — moyen trop coûteux et dangereux.
3° — par le fer au rouge. La réaction est indiquée par : $3\,Fe + 4H^2O = Fe^3O^4 + 4H^2$.
Ce procédé donne peu d'hydrogène, et le gaz est mélangé d'oxyde de carbone provenant du carbone que contient le fer (1).

avec les acides.

Le fer ou mieux le zinc, déplace à froid l'hydrogène des acides sulfurique ou chlorhydrique.

$$SO^4H^2 + Zn = SO^4Zn + H^2 \ (2); \qquad 2HCl + Zn = ZnCl^2 + H^2.$$

Ainsi préparé, l'hydrogène contient diverses impuretés provenant du zinc, et qu'on peut faire disparaître en faisant passer le gaz sur du cuivre chauffé au rouge.

Propriétés

physiques.

Gaz incolore, inodore, sans saveur, solubilité dans l'eau très faible $\left(\frac{1}{50} \text{ de son volume}\right)$, liquéfaction très difficile. Point critique à $-220°$. En le refroidissant à $-180°$, puis le comprimant à 300 atmosphères, et enfin lui faisant subir une brusque détente, il produit quelques gouttes incolores d'hydrogène liquide.

Densité 0,0695; pèse 14,5 fois moins que l'air. Ex. : { bulles de savon gonflées avec ce gaz. / Expériences d'endosmose (3).

chimiques.

Est très avide d'oxygène et par suite est un puissant réducteur.
Ainsi, il brûle à l'air avec une flamme jaune pâle mais très chaude, et mélangé à la moitié de son volume d'oxygène, il donne un mélange détonant, s'enflammant à 500° ou par une étincelle électrique — Expérience de *l'harmonica chimique* (4).
Il présente quelques analogies avec les métaux. Ainsi il est un peu conducteur de la chaleur; donne avec le potassium, le sodium, le palladium, de véritables alliages : K^2H, Na^2H, Pd^2H; et enfin il peut déplacer des métaux de leurs combinaisons : $2\,AgCl + H^2 = Ag^2 + 2HCl$.

Applications.

Dans les laboratoires il sert à effectuer des réductions :

$$CuO + H^2 = Cu + H^2O \ (5)$$
$$AzO^3H + 5H = Az + 3H^2O.$$

Sa légèreté est utilisée pour gonfler les ballons, et la chaleur de sa flamme alimentée par l'oxygène, à fondre le platine et à produire la lumière Drummond (chalumeau oxhydrique) (6).

Fluor.

Fluor.

Préparation.

A été isolé par M. Moissan en décomposant par un courant l'acide fluorhydrique pur HF, contenu dans un tube en U en platine, et rendu conducteur en y faisant dissoudre du fluorure de potassium (7).

Propriétés

physiques.

Gaz jaunâtre, très dangereux à respirer, de densité 1.26, et caractérisé par un spectre formé de 13 raies brillantes rouges; a été liquéfié à $-185°$ (Moissan et Ramsay).

chimiques.

C'est le corps dont les affinités sont les plus vives. Sans action sur l'oxygène, l'azote, il enflamme à la température ordinaire l'hydrogène, le phosphore, l'arsenic, l'iode, le potassium, etc., et en chauffant légèrement, il enflamme le charbon et la plupart des métaux. Le platine n'est attaqué que vers le rouge. L'eau est immédiatement décomposée, et les matières organiques hydrogénées sont enflammées et détruites. A l'état liquide, ses actions chimiques deviennent très faibles; toutefois les composés hydrogénés tels que la benzine, l'essence de térébenthine sont encore enflammés.

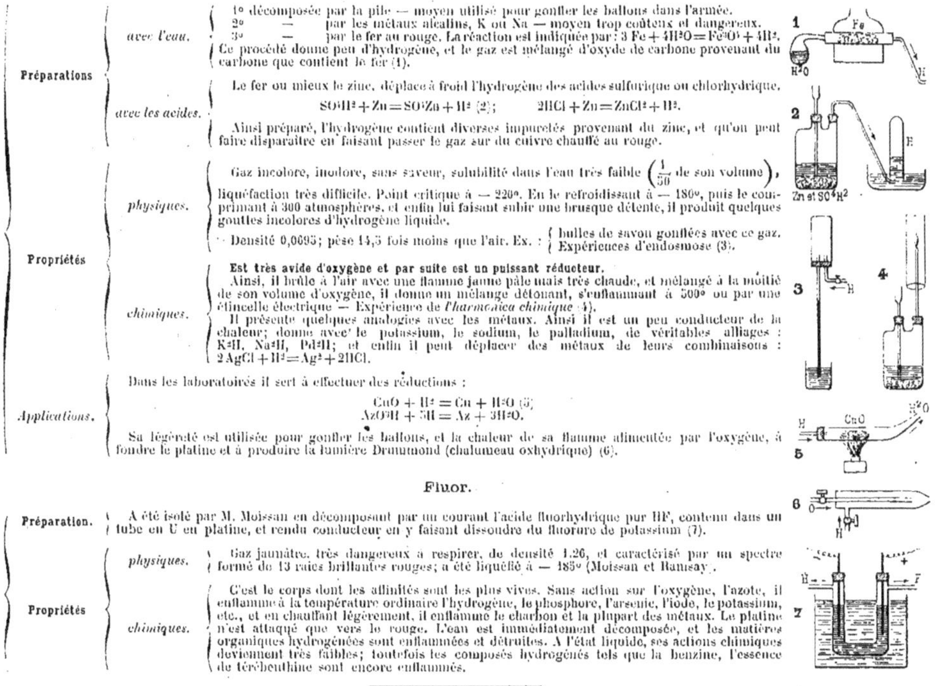

Acide fluorhydrique (HF).

Acide fluorhydrique.

Préparations.

On l'obtient impur, en chauffant dans une cornue en plomb, un mélange de fluorure de calcium (spath fluor) avec l'acide sulfurique. Le produit qui distille est condensé dans un tube en plomb refroidi.

$$CaF^2 + SO^4H^2 = SO^4Ca + 2HF \ (1).$$

On l'obtient pur, en décomposant par la chaleur le composé HF, KF bien sec (fluorure double d'hydrogène et de potassium); ou bien en décomposant AgF par l'hydrogène dans des appareils en platine.

Propriétés

Physiques. — Pur, c'est un liquide fumant à l'air, de densité 0,97, bouillant à 19°,5, très dangereux à manier et à respirer; n'attaque pas le verre.

Chimiques. — Avec l'eau, il donne un hydrate HF + 2H²O, fumant à l'air, attaquant la plupart des métaux, excepté le plomb, l'argent, le platine, et ayant la propriété de dissoudre la silice et par suite de graver le verre. $SiO^2 + 4HF = 2H^2O + SiH^4$.

Application. — Gravure sur verre, soit par les vapeurs, soit par l'acide hydraté.

Chlore.

Chlore et ses composés.

Préparations.

1° *Préparation de Scheele.* On traite le bioxyde de manganèse MnO², par l'acide chlorhydrique en chauffant légèrement : $MnO^2 + 4HCl = MnCl^2 + 2H^2O + Cl^2 \ (2)$.

2° *Préparation de Berthollet.* On traite le sel marin NaCl, par un mélange de bioxyde de manganèse et d'acide chlorhydrique : $2NaCl + MnO^2 + 3SO^4H^2 = SO^4Mn + 2(SO^4HNa) + 2H^2O$.

Quoiqu'elle donne tout le chlore du chlorure, et qu'elle paraisse ainsi plus avantageuse, elle n'est pas employée.

3° Dans l'*industrie*, on emploie de grandes bonbonnes chauffées au bain de sable, et le résidu de la préparation, c'est-à-dire MnCl², est d'abord neutralisé par de la craie et le liquide décanté est oxydé par un courant d'air en présence de la chaux; il se produit ainsi un composé 2MnO²,CaO qui peut servir de nouveau (Procédé Weldon).

Aujourd'hui, on mêle de la magnésie à une dissolution de chlorure de magnésium provenant des marais salants; ce mélange d'abord séché a 300° donne MgCl², MgO; puis l'oxychlorure est décomposé à 800° en présence d'un courant d'air : $MgCl^2, MgO + O = 2Cl + 2MgO$. (Procédé Péchiney).

Enfin on peut produire du chlore utilisé pour le blanchiment en électrolysant un mélange de MgCl² et de NaCl. (Procédé Hermite.) La soude est retenue autour de la cathode par un treillis de cuivre recouvert d'amiante.

Propriétés

Physiques. — Gaz jaune verdâtre, d'odeur suffocante, dangereux à respirer, très soluble dans l'eau qui en dissout 1 vol. 44 à 0°, en donnant un hydrate Cl + 5H²O qui cristallise un peu au-dessus de 0° et qui se détruit à partir de 8°. Se liquéfie à — 35°, ou à 0° sous la pression de 4 atm. 1/2. On peut employer un tube de Faraday contenant les cristaux précédents, ou du charbon saturé de chlore (3). On a ainsi un liquide jaune, se solidifiant à — 100°. Densité 2,44, ce qui permet de recueillir le gaz par déplacement d'air.

Chimiques.

Métalloïdes. — Le chlore attaque tous les métalloïdes, excepté O, Az, C. Le phosphore, le soufre, l'arsenic, brûlent dans le chlore en se changeant en chlorures. Mélangé avec H, il fait explosion à la lumière solaire, s'y combine lentement à la lumière diffuse et reste inaltéré dans l'obscurité.

Métaux. — Les attaque tous. Les métaux alcalins prennent feu dans le chlore; les autres, fer, cuivre, étain, ont besoin d'être légèrement chauffés; l'or et le platine en feuilles minces disparaissent rapidement dans une dissolution de chlore.

Remarque. — L'action si vive exercée par le chlore sur l'Hydrogène et les métaux, caractérise ce gaz et permet de prévoir ses autres propriétés.

Action sur AzH³, H²S — Le chlore s'empare de leur hydrogène et les détruit :

$$4AzH^3 + 3Cl = 3(AzH^4Cl) + Az$$
$$H^2S + 2Cl = 2HCl + S.$$

De là, la *propriété désinfectante* du chlore.

Corps monovalents.

Chlore.

Propriétés chimiques.

Matières organiques.

Aux matières organiques hydrogénées, le chlore enlève l'hydrogène et les détruit. Si elles sont colorées, la couleur est détruite ou au moins modifiée. Exemple : L'essence de térébenthine prend feu dans le chlore en laissant un résidu de charbon : $C^{10}H^{16} + 8Cl^2 = 16HCl + C^{16}$; d'autre part, le tournesol, l'indigo, l'encre même, sont décolorés.

De là, le *pouvoir décolorant du chlore*, utilisé pour le blanchiment du linge, de la pâte à papier, etc.

Avec certains carbures d'hydrogène incomplets, il peut se produire des composés d'addition :

$$C^2H^4 + Cl^2 = C^2H^4Cl^2.$$

Avec des carbures complets, comme le méthane CH^4, on peut avoir des produits de substitution.

Ainsi la série : CH^3Cl, CH^2Cl^2, $CHCl^3$, CCl^4.

Oxydes.

H^2O

Le chlore décompose lentement l'eau à froid sous l'action de la lumière, rapidement au rouge parce qu'elle est dissociée : $H^2O + Cl^2 = 2HCl + O$. A froid, le chlore décompose immédiatement l'eau en présence d'une matière oxydable, telle que SO^2. On a : $SO^2 + 2Cl + 2H^2O = SO^4H^2 + 2HCl$. De là, le *pouvoir oxydant* du chlore.

CaO

La plupart des oxydes métalliques sont décomposés au rouge. Ainsi : $CaO + Cl^2 = CaCl^2 + O$.

KOH
$NaOH$
CaO,H^2O

Sur la potasse, la soude, la chaux, en dissolution étendue et à froid, il se produit un chlorure et un hypochlorite :

$$2Cl + 2(KOH) = KCl + ClOK + H^2O \qquad \text{Eau de Javel.}$$
$$2Cl + 2(NaOH) = NaCl + ClONa + H^2O \qquad \text{» de Labarraque.}$$
$$4Cl + 2(CaO,H^2O) = CaCl^2 + Cl^2O^2Ca + 2H^2O \quad \text{Chlorure de chaux.}$$

Ces divers produits, appelés **chlorures décolorants**, mis en présence d'un acide quelconque, dégagent l'anhydride hypochloreux Cl^2O, qui se dédouble en $Cl^2 + O$, et les deux gaz agissent simultanément et autant l'un que l'autre pour blanchir ou désinfecter. On utilise ainsi autant de chlore qu'en a exigé leur préparation. C'est surtout le dernier, solide, qui est employé.

Remarque. — A chaud, ou avec des dissolutions concentrées on aurait eu du chlorate de potassium : $3Cl^2 + 6(KOH) = 5KCl + ClO^3K + 3H^2O$.

Acide chlorhydrique (HCl).

Préparations.

1° *Dans les laboratoires*, on chauffe dans un ballon de verre, du sel marin avec de l'acide sulfurique.

$$NaCl + SO^4H^2 = SO^4HNa + HCl \quad (1).$$

2° *Dans l'industrie*, on emploie du sel impur et l'opération est faite en deux phases. Dans la première, le mélange est faiblement chauffé dans un four dont la sole est en plomb; la réaction a lieu comme plus haut, et l'acide qui se dégage est presque pur. Dans la deuxième phase, la matière est chauffée au rouge dans un four en briques; l'acide dégagé est impur, et le résultat de la réaction est du sulfate neutre SO^4Na^2 (2).

$$NaCl + SO^4HNa = SO^4Na^2 + HCl.$$

Ce produit servira à la fabrication du carbonate de sodium (Procédé Leblanc).
Pour avoir cet acide pur, il suffit d'employer du sel et de l'acide sulfurique purs, et de faire dissoudre le gaz dans de l'eau distillée.

Propriétés

Physiques.

Gaz incolore, fumant à l'air, irritant, très soluble dans l'eau, (500 vol. à 0°). Exp. du jet d'eau dans un flacon; facilement liquéfiable; il suffit d'un froid de — 40°, ou à 0° d'une pression de 35 atm. environ. Densité 1,27.

Acide chlorhydrique (HCl).

Chlore et ses composés.

Propriétés chimiques.

Métalloïdes. — N'en attaque aucun, excepté l'oxygène au rouge blanc, $2HCl + O = H^2O + Cl^2$; et le silicium pour donner : $SiHCl^3$.

Métaux. — Les attaques tous, excepté l'or, le platine, etc. On a ainsi un chlorure et de l'hydrogène.

$$2HCl + Zn = ZnCl^2 + H^2.$$

Oxydes. — ZnO — avec les protoxydes, on a de l'eau et un chlorure : $ZnO + 2HCl = ZnCl^2 + H^2O$. MnO² — avec le bioxyde de manganèse, on a du chlore :

$$MnO^2 + 4HCl = MnCl^2 + 2H^2O + Cl^2.$$

H²O — Non seulement cet acide se dissout dans l'eau, mais il forme avec elle des combinaisons nommées *hydrates*. Ainsi :

$HCl + 2H^2O$ cristallisant à — 20°; $HCl + 6H^2O$ bouillant vers 110°, et qui correspond à peu près à la dissolution concentrée des laboratoires.

Réactif. — L'acide chlorhydrique et les chlorures donnent avec les sels d'argent un précité blanc caillebotté, noircissant à la lumière, et soluble dans l'ammoniaque et l'hyposulfite de soude.

Composition. — On peut connaître la composition de ce gaz par une synthèse facile. Il suffit de faire communiquer entre eux deux flacons de même volume, pleins l'un d'hydrogène, l'autre de chlore et de les exposer à la lumière diffuse. On les trouvera remplis tous les deux d'acide chlorhydrique. *Les gaz se sont combinés à volumes égaux, sans condensation* (1).

Brome et iode.

Brome et iode.

Préparations. — Ces deux corps ne sont préparés que dans l'industrie. On peut suivre le procédé de Berthollet, c'est-à-dire traiter un iodure ou un bromure par un mélange d'acide sulfurique et de bioxyde de manganèse ; ou encore les déplacer par le chlore.

$$2IK + MnO^2 + 3(SO^4H^2) = 2(SO^4HK) + SO^4Mn + 2H^2O + I^2,\ \text{ou}\ IK + Cl = KCl + I.$$

Les cendres de varechs contiennent de l'iodure de potassium qui fournit l'iode; les résidus des marais salants contiennent du bromure de magnésium qui fournit le brome.

Propriétés

physiques. — Le brome est un liquide rouge vermeil, très irritant, de densité 3,18, bouillant à 63°. Avec l'eau il peut donner un hydrate $Br + 5H^2O$. L'iode est en cristaux à reflets métalliques, de densité 4,95, fondant à 113°, bouillant à 180°. Sa vapeur violette est très irritante. — Insoluble dans l'eau, très soluble dans l'alcool et le sulfure de carbone.

chimiques. — Elles sont les mêmes que celles du chlore, avec cette différence, que l'affinité pour l'hydrogène va en diminuant du chlore à l'iode, et en augmentant au contraire pour l'oxygène. Ainsi : la combinaison du brome et de l'hydrogène ne se fait plus qu'à 500°, et la combinaison avec l'iode est endothermique. — Inversement, l'iode peut s'oxyder avec l'oxygène sous l'action des effluves électriques, et facilement en présence de l'acide azotique. Les actions sur les métaux sont identiques; — les composés correspondants sont isomorphes. Mêmes actions sur les matières organiques.

Réactif de l'iode. — Un iodure traité par l'eau de chlore précipite de l'iode, qui en présence de l'empois d'amidon devient bleu (iodure d'amidon). — Cette réaction est très sensible.

Oxygène (O).

Préparations.

1° Pourrait se retirer de l'eau en la décomposant par un courant électrique.

2° En décomposant par la chaleur l'oxyde rouge de mercure (Lavoisier), $HgO = Hg + O$. Procédé trop coûteux.

3° En calcinant le bioxyde de Manganèse : $3(MnO^2) = Mn^3O^4 + O^2$. Procédé long, et de plus l'oxygène obtenu est impur (1).

4° En décomposant par la chaleur le chlorate de potassium : $ClO^3K = KCl + O^3$. Le sel calciné seul, donnerait du perchlorate de potassium plus difficile à décomposer que le chlorate : $2(ClO^3K) = ClO^4K + KCl + O^2$. On évite cette transformation en ajoutant au sel du bioxyde de manganèse, qui, en restant inaltéré produit une action inconnue de *présence*.

5° *Dans l'industrie* on le retire de l'air. En effet l'oxyde de barium BaO, chauffé en présence de l'air sec à 600°, absorbe son oxygène : $BaO + O = BaO^2$. Inversement, le bioxyde chauffé au-dessus de 800°, redevient Ba O en dégageant l'oxygène. (Procédé Brin).

Propriétés

physiques.

Gaz incolore, inodore, sans saveur, peu soluble dans l'eau, $\frac{1}{25}$ de son volume, difficilement liquéfiable. Point critique — 118°. — Sous l'action d'un froid de — 136° donné par l'éthylène liquide, il se liquifie à une pression d'environ 50 atmosphères. Le liquide obtenu bout à — 180° sous la pression atmosphérique. — Densité : 1,1056.

chimiques.

C'est un comburant. — Rallume une allumette qui présente un point en ignition. — Fait brûler l'hydrogène, le phosphore, le soufre, le charbon, le fer, le magnésium, en donnant :

H^2O, P^2O^5, SO^2, CO^2, Fe^3O^4, MgO, etc.

Combustions vives.

Dans ces exemples, l'oxydation a été accompagnée d'une production de lumière et de chaleur; il y a eu **combustion vive**.

Combustions lentes.

Si l'oxydation se produit lentement en dégageant peu de chaleur et pas de lumière, on a par opposition une **combustion lente**. — Ex : production de la rouille à l'air, oxydation du phosphore à l'air, combustion des tissus par l'oxygène dissous dans le sang, etc.

Sous l'action des effluves électriques, l'oxygène se condense, devient odorant, et acquiert ainsi des propriétés oxydantes plus énergiques. Ainsi, il oxyde à froid, IK, l'argent, etc. Cette modification se nomme **ozone**, et l'air en contient toujours des traces qui lui donnent des propriétés antiseptiques.

Eau (H²O).

Eau.

Propriétés physiques.

Liquide incolore en petites masses, vert ou bleu en grandes masses, inodore, sans saveur, se solidifie à 0°, passe à 4° par un maximum de densité, bout à 100° sous la pression 76, en donnant une vapeur dont la densité est $\frac{5}{8}$ ou 0,622. Se dissout dans l'alcool et l'éther. L'eau peut dissoudre elle-même une foule de corps, et en particulier des gaz et des sels.

La solubilité d'un gaz dans l'eau à 0°, se mesure par le volume de gaz dissous évalué à 0° sous la pression 76, quand le gaz extérieur à l'eau, exerce sur elle la même pression 76. Cette solubilité décroît quand la température augmente.

La solubilité des sels est estimée par le poids du sel dissous dans un litre d'eau. — Elle croît en général avec la température.

Corps bivalents.

Eau. — Sa composition.

Eau.

Propriétés chimiques.

Chaleur. — A partir de 1000° l'eau commence à se dissocier, et la proportion des gaz mis en liberté augmente avec la température.

Cl, C. — Le chlore et le charbon semblent décomposer l'eau au rouge; mais ils ne font que s'emparer l'un de l'hydrogène, l'autre de l'oxygène dissociés. **1**

$$H^2O + Cl^2 = 2HCl + O; \qquad 2H^2O + C = CO + 2H^2.$$

Métaux. — Le potassium, le sodium, etc., décomposent l'eau à froid : $2K + 2H^2O = 2(KOH) + H^2$.
Le magnésium décompose l'eau bouillante : $Mg + H^2O = MgO + H^2$.
Le fer la décompose au rouge : $3Fe + 4H^2O = Fe^3O^4 + 4H^2$.

Anhydrides. Sels. — L'eau se combine aux anhydrides pour les changer en acides : $SO^3 + H^2O = SO^4H^2$.
Elle se combine aussi aux sels cristallisés, et peut facilement disparaître par la chaleur. — Ainsi le sulfate de fer vert, le sulfate de cuivre bleu, privés de cette eau de cristallisation deviennent blancs.

Composition.

Analyses.

1° L'analyse la plus simple se fait par la pile (Voltamètre). — On trouve 1 vol. d'oxygène au pôle positif, et 2 vol. d'hydrogène au pôle négatif (1).

2° Lavoisier avait fait une analyse de l'eau en la décomposant par le fer au rouge; mais elle n'est pas susceptible d'une grande précision.

Synthèses.

1° Par *l'eudiomètre à mercure.* — On y introduit 1 vol. d'oxygène et 2 vol. d'hydrogène, puis on fait jaillir une étincelle, et les deux gaz disparaissent entièrement. — Si l'eudiomètre avait été chauffé à 100°, on trouverait 2 vol. de vapeur d'eau (Loi de Gay-Lussac) (2). **2**

2° *Synthèse en poids de Dumas.* — On obtient de l'eau en faisant passer un courant d'hydrogène pur et sec, sur de l'oxyde de cuivre sec. On recueille l'eau formée dans des tubes pesés d'avance, ce qui permet d'en connaître le poids; et la perte de poids de l'oxyde de cuivre donne le poids de l'oxygène. — Le poids d'hydrogène sera la différence. — On trouve 1 gramme d'hydrogène pour 8 grammes d'oxygène; et si on écrit la formule H^2O, le poids atomique de l'oxygène sera 16 (3).

Eaux naturelles et eaux potables.

Les eaux naturelles contiennent des gaz et des sels.

Gaz. — Se dégagent par l'ébullition. On trouve par litre environ 48cc dont { 24 *acide carbonique.* / 8 *oxygène.* / 16 *azote.*

Sels. — S'obtiennent par évaporation. On trouve : { *Bicarbonate de calcium, de magnésium.* / *Sulfate de calcium, de magnésium* — reconnaissables par chlorure de baryum. / *Chlorures divers* — id. — azotate d'argent. / *Matières organiques* — id. — sel d'or. **3**

Les eaux potables doivent contenir des gaz; elles doivent être fraîches et sans odeur; le poids des sels ne doit pas dépasser 0gr,3 par litre. Les matières organiques doivent être aussi faibles que possible.
Quand il y a excès de sels, c'est qu'il y a en général excès de carbonate ou de sulfate de calcium ; elles sont alors appelées **eaux calcaires** ou **eaux séléniteuses**. Elles ne cuisent pas les légumes et ne dissolvent pas le savon. Essai par la dissolution alcoolique de savon qui ne doit pas donner de grumeaux.

Corps bivalents.

Soufre (S).

Soufre et ses composés.

Préparations.

Le soufre existe mêlé à la terre au voisinage de certains volcans (solfatares).

On l'extrait, soit en le fondant et en employant le soufre lui-même comme combustible (Sicile), soit en le fondant par la vapeur d'eau surchauffée, soit encore en le distillant (Pouzolles). Mais il est encore trop impur, et on lui fait subir une nouvelle distillation à son arrivée en France: c'est le **raffinage**. Si la chambre de condensation reste froide, on a la **fleur de soufre**; si elle dépasse 100°, le soufre s'y rassemble liquide et est moulé en bâtons (canons de soufre).

On peut aussi le retirer de la calcination de la pyrite de fer en vases clos; comme l'oxygène du bioxyde de manganèse : $3FeS^2 = Fe^3S^4 + 2S$.

Propriétés

physiques.

Le soufre est solide, jaune, sans odeur ni saveur, insoluble dans l'eau, soluble dans la benzine et le sulfure de carbone. — Mauvais conducteur de la chaleur et de l'électricité, fond entre 113° et 117°, bout à 440°. — Sa densité est voisine de 2.

Cristaux.

Il est dimorphe. — A froid, par dissolution et évaporation dans le sulfure de carbone, il donne des *octaèdres à base rectangle* (1), de densité 2,07. — A chaud par fusion, il donne des *prismes obliques à base losange*, de densité 1,97. — Les octaèdres chauffés vers 100° absorbent de la chaleur et se convertissent en prismes (2), inversement les prismes perdent peu à peu la chaleur latente qu'ils avaient conservée et se changent en octaèdres. — M. Gernez a montré que la température de transformation est 98°.

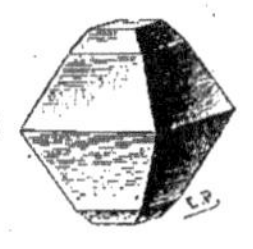

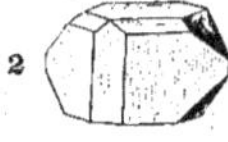

Soufre mou.

Le soufre fondu à l'état pâteux et coulé dans l'eau froide, emmagasine de la chaleur latente et devient élastique. Cette chaleur se dissipe rapidement et il redevient cassant.

Soufre amorphe.

Le soufre chauffé puis brusquement refroidi, c'est-à-dire trempé, devient en partie insoluble dans le sulfure de carbone; l'effet est sans doute dû encore à de la chaleur latente, et c'est en le portant à la température de 170°, qu'il se produit le plus de ce soufre insoluble ou **amorphe**.

Soufre fondu.

Le soufre en fondant est d'abord fluide et jaune, puis il devient rouge brun et très pâteux et enfin de nouveau fluide; par refroidissement, le thermomètre plongé dans sa masse éprouve divers arrêts successifs correspondant à des dégagements de chaleur latente, et par suite à des variétés diverses de soufre liquide.

Vapeur.

Vers 500°, la densité de la vapeur de soufre est 6,6 tandis que prise à partir de 860° elle reste constante et égale à 2,2. — La vapeur se comporte alors comme un gaz, et dans le premier état où elle est condensée, elle se comporte comme l'ozone vis-à-vis de l'oxygène.

chimiques.

Le caractère chimique du soufre est d'être un comburant comme l'oxygène.

Combustible.

Exceptionnellement vis-à-vis du Cl, du Br, de l'iode, du fluor et de l'oxygène.

Comburant

par rapport au phosphore, au charbon avec lequel il produit CS^2 correspondant à CO^2;

par rapport aux métaux avec lesquels il donne des sulfures correspondant aux oxydes;

par rapport à l'hydrogène, pour donner H^2S qui correspond à H^2O. En résumé S joue le même rôle que O dans les composés :

CS^2, KSH, CS^3K, FeS, K^2S, FeS^2, Fe^3S^4, etc.

Usages.

C'est un des produits les plus utiles à l'industrie. Il sert en effet à préparer l'acide sulfureux et par suite l'acide sulfurique, à fabriquer les allumettes, la poudre; à vulcaniser le caoutchouc, etc.

Corps bivalents.

Acide sulfhydrique (H^2S).

Soufre et ses composés.

Préparations.

On le retire de ses sels nommés sulfures. On peut employer :
1° Le *sulfure de fer artificiel* FeS, qu'on traite par l'acide chlorydrique ou l'acide sulfurique :

$$FeS + SO^4H^2 = SO^4Fe + H^2S.$$

Le gaz contient de l'hydrogène provenant d'un peu de fer libre contenu dans le sulfure (1).
2° Le *sulfure d'antimoine pur cristallisé*, qui traité par l'acide chlorhydrique bouillant donne le gaz pur.

$$Sb^2S^3 + 6HCl = 3H^2S + 2 (SbCl^3).$$

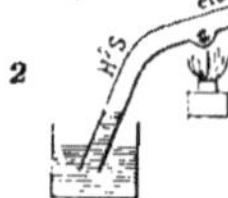

Propriétés

physiques.

Gaz incolore, odeur et saveur repoussantes, solubilité dans l'eau à 0°, 4,37 fois son volume, facile à liquéfier; son point critique est à 100°, et à 0° il suffit d'une pression de 16 atmosphères. On peut employer un tube de Faraday dont une branche contient le composé H^2S^2, qui se dédouble facilement en $H^2S + S$. Densité 1,19

physiologiques.

Éminemment toxique; $\frac{1}{800}$ de ce gaz dans l'atmosphère tue un chien; $\frac{1}{250}$ tue un cheval.
— C'est lui qui constitue le plomb des vidangeurs. — Le contre-poison est le chlore, qu'on fait respirer en humectant du chlorure de chaux avec du vinaigre.

chimiques.

Gaz très avide d'oxygène et par suite très réducteur.

O.
Il brûle dans l'air avec une flamme bleuâtre : $H^2S + 3O = H^2O + SO^2$.
Se combine à l'oxygène dissous dans l'eau : $H^2S + O = H^2O + S$, ce qui montre que sa dissolution dans l'eau s'altère vite. — Enfin en présence des corps poreux, il donne avec l'oxygène de l'acide sulfurique : $H^2S + 4O = SO^4H^2$.

Az O³H.
Comme exemple de réduction, on peut citer Az O³H que ce gaz décompose instantanément. $2(Az O^3H) + H^2S = S + 2H^2O + 2Az O^2$. De même pour la plupart des composés oxygénés.

Cl, Br.
Le chlore, le brome, le décomposent : $H^2S + 2Cl = 2(H Cl) + S$.

Métaux.
Il transforme les métaux en sulfures : $Cu + H^2S = Cu S + H^2$; il peut même précipiter ainsi beaucoup de métaux de leurs sels. — Avec le potassium on aurait : $K^2 + 2H^2S = 2(KSH) + H^2$.

Composition.

Chauffons dans une cloche courbe 2 vol. de ce gaz avec un fragment d'étain; il restera 2 vol. d'hydrogène. Si x est le volume de la vapeur de soufre, on aura (Loi de Lavoisier) :

$$2 \times 1,19 = 2 \times 0,0695 + x \times 2,2 \text{ d'où } x = 1 \ (2).$$

Le gaz a la même composition que l'eau, c'est-à-dire qu'il est formé de deux volumes d'hydrogène et de 1 vol. de vapeur de soufre avec condensation de $\frac{1}{3}$.

État naturel.

Ce gaz se produit :
1° Quand une matière organique sulfurée se putréfie à l'air. Ex : choux, œufs, etc.
2° Quand un sulfate ramené à l'état de sulfure par des matières organiques, se trouve en présence d'un acide, même l'acide carbonique de l'air. Ainsi s'explique l'odeur nauséabonde que prend l'eau conservée dans des tonneaux de bois, l'odeur des eaux minérales sulfureuses, etc.

Anhydride sulfureux (SO²).

Soufre et ses composés.

Préparations dans

l'industrie.

1° Combustion du soufre à l'air : $S + O^2 = SO^2$.

2° Grillage de la pyrite de fer Fe S², qui, suivant la température, donne : $\{ Fe\,S^2 + O^6 = SO^4Fe + SO^2.$ $2Fe\,S^2 + 11O = Fe^2O^3 + 4SO^2.$

les laboratoires.

On réduit l'acide sulfurique SO⁴H², soit par un métalloïde comme le soufre, le charbon, soit par un métal ne décomposant pas l'eau, comme le cuivre, le mercure. Les réactions sont :

$$2(SO^4H^2) + C = CO^2 + 2SO^2 + 2H^2O. \qquad 2(SO^4H^2) + Cu = SO^4Cu + SO^2 + 2H^2O\ (1).$$
$$2(SO^4H^2) + S = 3SO^2 + 2H^2O. \qquad 2(SO^4H^2) + Hg = SO^4Hg + SO^2 + 2H^2O.$$

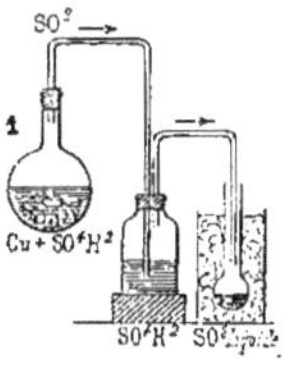

Propriétés

physiques.

Gaz incolore, d'odeur suffocante, très soluble dans l'eau (50 fois son volume), très facilement liquéfiable. Il suffit d'employer un mélange réfrigérant de glace et de sel pour le convertir en un liquide incolore, de densité 1,45, bouillant à — 8°, et donnant par évaporation dans le vide un froid de — 68°. On utilise ce froid pour liquéfier d'autres gaz, pour fabriquer de la glace, pour solidifier le mercure, etc… Densité du gaz 2,26.

chimiques.

Le caractère chimique de ce corps est d'être réducteur.

O — Cependant le gaz ne brûle pas à l'air; il éteint les corps en combustion; mais il se combine avec l'oxygène, soit en présence de la mousse de platine chauffé : $SO^2 + O = SO^3$ (2), soit en présence de l'eau : $SO^2 + O + H^2O = SO^4H^2$; aussi on ne peut conserver ses dissolutions qu'avec de l'eau privée d'air.

Corps oxygénés. — Il réduit l'acide azotique concentré : $SO^2 + 2(AzO^3H) = SO^4H^2 + 2AzO^2$; décolore le permanganate de potasse; transforme l'acide iodique à l'état d'iode; transforme le bioxyde de plomb brun en sulfate de plomb blanc : $PbO^2 + SO^2 = SO^4Pb$.

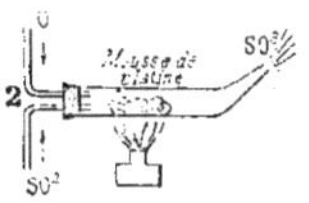

Matières colorantes. — Il détruit certaines matières colorantes en les réduisant. — Avec les roses, les violettes, il se combine à la matière colorante qui devient blanche, mais en combinant le gaz avec de l'ammoniaque, la couleur reparaît; elle devient verte pour les violettes.

H, H²S, PH³. — Inversement, les corps plus réducteurs que SO² lui prennent son oxygène. Ainsi à chaud, on a : $SO^2 + 4H = 2H^2O + S$, $SO^2 + 2H^2S = 2H^2O + 3S$.

Hydrates. — La dissolution concentrée à 0° donne un hydrate cristallisé : $SO^2 + 9H^2O$. — Sa dissolution ordinaire se comporte comme un acide bibasique : $SO^2 + H^2O = SO^3H^2$, donnant avec le potassium les deux sels : SO^3HK, SO^3K^2.

Composition.

Si dans 2 vol. d'oxygène on fait brûler du soufre, on a 2 vol. d'anhydrique sulfureux. Donc si x est le volume de la vapeur de soufre, on a : $2 \times 2,26 = 2 \times 1,1056 + x \times 2,2$, d'où $x = 1$ (3).

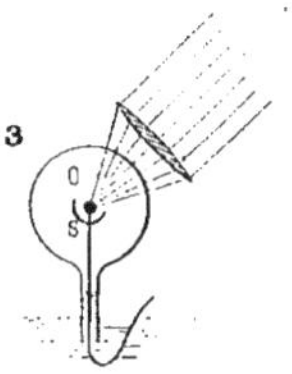

Usages.

Sert dans l'industrie au blanchiment de la laine, de la soie, des plumes, des éponges, de la paille, etc.; à la fabrication de l'acide sulfurique, de la glace. On l'emploie encore comme antiseptique; pour éteindre les feux de cheminée, etc.

Anhydride sulfurique (SO³).

Préparation.

S'obtient en faisant passer un mélange d'oxygène et d'anhydride sulfureux sur de l'amiante platinée chauffée.

Propriétés.

Les vapeurs condensées par le froid donnent un produit blanc cristallisé, lourd, se combinant avec l'eau pour former SO⁴H² avec un grand dégagement de chaleur. On l'ajoute à l'acide sulfurique ordinaire, pour obtenir des acides très concentrés, employés dans l'industrie des *matières colorantes*.

Corps bivalents.

Acide sulfurique (SO^4H^2).

Soufre et ses composés.

Préparations dans

les laboratoires. — On oxyde l'anhydride sulfureux au moyen de l'oxygène de l'air, en se servant comme intermédiaire du bioxyde d'azote. On a en effet : $AzO + O = AzO^2$. Le peroxyde d'azote en présence de l'eau donne : $AzO^2 + SO^2 + H^2O = SO^4H^2 + AzO$, et les réactions peuvent recommencer indéfiniment.

l'industrie. — Dans les appareils de l'industrie, on admet que l'anhydride sulfureux, l'acide azoteux, l'oxygène de l'air, donnent, dans la partie centrale des chambres de plomb, un composé nommé **sulfate acide de nitrosyle**, analogue à SO^4HK, mais où le métal est remplacé par AzO, nommé *nitrosyle*. On a en effet : $2SO^2 + 2(AzO^2H) + 2O = 2[SO^4H(AzO)]$.

Ce composé, au contact des parois sur lesquelles l'eau ruisselle, se dédouble en donnant :

$$2[SO^4H(AzO)] + 2H^2O = 2(SO^4H^2) + 2(AzO^2H);$$ et les réactions recommencent.

Au début, la première production de sulfate de nitrosyle est fournie par de l'acide azotique versé dans la tour de Glower. On a en effet : $2SO^2 + 2(AzO^3H) = 2[SO^4H(AzO)]$.

Appareil de l'industrie (voir *Chimie* de Lugol) (1). — A, four où l'on grille la pyrite de fer: Gl, tour de Glower; C_1, C_2, chambres où se produisent les réactions; C_3, chambre de condensation; Ga, tour finale de Gay-Lussac.

Concentration et purification.

L'acide recueilli dans les chambres de plomb marque 52° Baumé; on le concentre jusqu'à 62° dans des chaudières de plomb, puis jusqu'à 66° dans des chaudières de platine. Il contient du sulfate de plomb, de l'acide arsénieux et arsénique provenant de la pyrite, et enfin des vapeurs nitreuses. On le purifie en précipitant le plomb et l'arsenic par un courant d'acide sulfhydrique, puis le distillant avec du sulfate d'ammonium.

Propriétés

physiques. — Liquide incolore, huileux, de densité 1,84, se congelant à — 34° et bouillant à 338°. Il contient $\frac{1}{12}$ de H^2O en plus de la formule SO^4H^2; et si on lui ajoutait la quantité convenable d'anhydride SO^3 pour que sa formule soit SO^4H^2, il constituerait un corps cristallisé fondant à 10°,5.

chimiques.

O — ne peut pas être oxydé en présence de O ou d'un corps oxygéné.

S, C, H, P, Métaux. — peut être réduit par le soufre, le charbon, l'hydrogène, les métaux; c'est la base de la préparation de l'anhydride sulfureux. — Avec l'hydrogène, on peut avoir suivant la température :

$$SO^4H^2 + H^2 = 2H^2O + SO^2$$
$$SO^4H^2 + 6H = 4H^2O + S$$
$$SO^4H^2 + 8H = 4H^2O + H^2S.$$

Hydrates. — **L'un des caractères importants de cet acide est son avidité pour l'eau.** Il se combine avec l'eau en dégageant beaucoup de chaleur, et cette avidité pour l'eau explique comment il s'empare des éléments de l'eau des matières organiques. Ainsi il décompose l'acide oxalique, carbonise la peau, le bois, etc. On l'utilise pour dessécher les gaz.

Avec l'eau il peut former les deux hydrates :

$$SO^4H^2 + H^2O \text{ cristallisant vers } 0° \text{ et } SO^4H^2 + 2H^2O$$ qui correspond à un maximum de contraction.

Usages.

Cet acide, le plus nécessaire à l'industrie, sert à préparer les autres acides, l'hydrogène, les sulfates, le glucose, les matières colorantes, etc. Comme réactif, il précipite les sels de baryum, de calcium, de plomb.

Corps bivalents.

Acide pyrosulfurique ($S^2O^7H^2$).

Soufre et ses composés.

Préparation. On le préparait autrefois à Nordhausen en Saxe, en distillant un sous-sulfate de sesquioxyde de fer imparfaitement desséché : $2SO^3$, $Fe^2O^3 + H^2O = Fe^2O^3 + 2SO^3$, $H^2O = Fe^2O^3 + S^2O^7H^2$. On l'obtient aujourd'hui en ajoutant de l'anhydride SO^3 à de l'acide ordinaire : $SO^4H^2 + SO^3 = S^2O^7H^2$, et on peut avoir ainsi des acides plus ou moins concentrés employés dans l'industrie des couleurs.

Propriétés. L'acide de Saxe est brun, fumant à l'air, et il sert à dissoudre l'indigo dans la teinture. D'après son ancien mode de préparation, il ne peut pas contenir de vapeurs nitreuses qui détruisent cette matière colorante; mais on obtient le même résultat avec la seconde préparation, pourvu que l'acide sulfurique employé ait été complètement débarrassé de ces mêmes vapeurs.

Sélénium et Tellure.

Sélénium. Tellure.

Analogies avec le soufre. Ces deux corps, un peu différents du soufre par leur aspect et leurs caractères physiques, lui ressemblent au contraire d'une manière parfaite par leurs composés chimiques. Leurs composés métalliques sont isomorphes. Avec l'oxygène, ils produisent des acides sélénieux et sélénique, tellureux et tellurique, donnant des sels isomorphes aux sels correspondants du soufre. Avec l'hydrogène, on a des acides sélénhydrique, tellurhydrique, gazeux, odorants, et même plus vénéneux que H^2S. C'est l'ensemble de toutes ces analogies qui les fait classer dans la famille du soufre, et par suite de l'oxygène.

Corps trivalents (Az, P, As, Sb).

Azote (Az).

Azote.

Préparations.

1° On peut le retirer de l'air, en lui enlevant son oxygène soit { avec le phosphore à froid; — le phosphore à chaud; — le cuivre au rouge (1).

2° Ou de composés tels que { l'azotite d'ammonium qui se décompose à l'ébullition :
$$AzO^2(AzH^4) = 2H^2O + Az^2;$$
l'ammoniaque que le brome décompose à froid :
$$4AzH^3 + 3Br = 3(AzH^4Br) + Az \ (2).$$

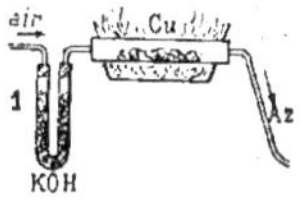

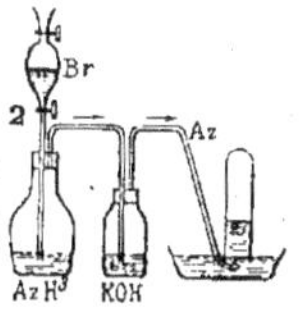

Propriétés physiques. Gaz incolore, inodore, sans saveur, très peu soluble dans l'eau $\left(\frac{1}{40}\text{ de son volume}\right)$, très difficilement liquéfiable; son point critique est à $-146°$. — En le refroidissant à $-136°$, puis en lui faisant subir une brusque détente, par exemple de 300 à 50 atmosphères, on le transforme en un liquide incolore, bouillant à $193°$ et pouvant même se solidifier à $-204°$. Densité $= 0,972$.

Corps trivalents.

Azote.

Azote. — Propriétés chimiques.

L'azote n'est ni combustible, ni comburant; par conséquent n'entretient pas la combustion.

Directement peut se combiner à quelques corps, comme le bore, le magnésium, le lithium.

Indirectement, c'est-à-dire à l'aide d'une énergie étrangère se combine à

O — sous l'action d'une série d'étincelles; on a, suivant que les gaz sont secs ou humides : $Az + 2O = AzO^2$; $2Az + 5O + H^2O = 2(AzO^3H)$.

H — série d'étincelles donnant AzH^3 — phénomène limité par la réaction inverse.

C^2H^2 — série d'étincelles donnant $CAzH$, $2Az + C^2H^2 = 2(CAzH)$.

C — au rouge en présence de la potasse KOH, ou du carbonate CO^3K^2 :
$$2Az + 3C + 2(KOH) = 2(CAzK) + H^2O + CO.$$

Enfin sous l'action des effluves, ou même de l'électricité atmosphérique, il est absorbé par une foule de matières organiques, même par les plantes et le sol; de sorte qu'il joue un grand rôle dans la végétation (Berthelot).

Air atmosphérique.

Air atmosphérique. — Nature de l'air.

L'air était considéré autrefois comme un élément, en même temps que l'eau, la terre, le feu. Ce fut Lavoisier qui montra le premier en 1774, avec sa fameuse expérience sur l'oxydation du mercure, que l'air était un mélange de deux gaz, qu'il appela azote et oxygène (1). On y trouve aussi d'une manière constante de l'acide carbonique, de la vapeur d'eau, et deux nouveaux gaz, l'argon et l'hélium. Nous allons déterminer les proportions de ces divers éléments.

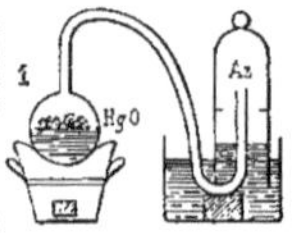

Dosage de l'oxygène et de l'azote — en volumes avec

Toutes les méthodes consistent à absorber l'oxygène et à recueillir l'azote qu'on mesure, ou qu'on pèse.

phosphore à froid. — On mesure 100 vol. d'air dans une éprouvette graduée sous la pression atmosphérique, et on y fait séjourner un bâton de phosphore. L'oxygène est absorbé quand le phosphore ne luit plus dans l'obscurité, et il reste 79 vol. d'azote mesuré à la même pression (2).

phosphore à chaud. — On fait brûler un morceau de phosphore dans les 100 vol. d'air, qui cette fois sont recueillis dans une cloche courbe. L'expérience est alors beaucoup plus rapide et elle conduit au même résultat (3).

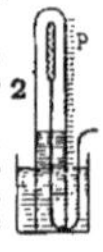

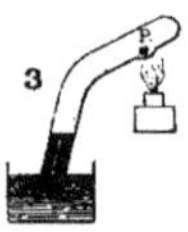

acide pyrogallique et potasse. — Ces deux corps, dissous et mélangés, ont la propriété d'absorber rapidement l'oxygène de l'air. On fera donc passer ce mélange dans 100 vol. d'air mesurés préalablement dans un long tube divisé, et quand le volume gazeux restera stationnaire, l'expérience sera terminée. On trouvera encore 79 vol. d'azote sous la même pression qu'au début.

hydrogène (eudiomètre). — Dans l'eudiomètre à mercure, on introduit 100 vol. d'air et 100 vol. d'hydrogène, et on fait éclater une étincelle. On constate alors que 63 vol. ont disparu. Comme il n'a pu se former que de l'eau, composée elle-même de 2 vol. d'hydrogène pour 1 vol. d'oxygène, il en résulte que dans les 100 vol. d'air, il y avait $\frac{63}{3} = 21$ vol. d'oxygène. Dans l'eudiomètre, il reste l'azote mélangé aux 58 vol. d'hydrogène non employés. En introduisant $\frac{58}{2} = 29$ vol. d'oxygène et faisant éclater une nouvelle étincelle, il se formera de nouveau de l'eau et il restera 79 vol. d'azote (4).

Air atmosphérique.

Air atmosphérique.

Dosage de l'oxygène et de l'azote en poids (1).

Dumas et Boussingault ont opéré sur une masse de 10 litres d'air pesant environ 13 grammes, et comme la balance peut donner le $\frac{1}{10}$ de milligramme dans la mesure des poids de l'oxygène et de l'azote, la nouvelle méthode est incomparablement plus sensible que les précédentes.

En principe, elle consiste à faire passer de l'air, privé de son acide carbonique et de sa vapeur d'eau, dans un tube contenant du cuivre chauffé au rouge qui fixe l'oxygène, tandis que l'azote se rend dans un grand ballon où l'on a fait le vide et qui a été pesé d'avance. Si p est le poids de l'azote qui remplit à la fois le ballon et le tube à cuivre, p' le poids de l'oxygène combiné au cuivre, on trouve $\frac{p}{p'} = \frac{77}{23}$.

Résultats.

De là, il est facile de trouver la composition en volumes. Car, si x et y sont les volumes de l'oxygène et de l'azote qui composent 100 litres d'air, on aura les deux équations :

$$x + y = 100$$
$$\frac{x \times 1,29 \times 1,1056}{y \times 1,29 \times 0,972} = \frac{23}{77}, \text{ d'où } \begin{cases} x = 20,8. \\ y = 79,2. \end{cases}$$

Argon et hélium.

L'air contient 1 p. 100 environ d'un gaz nouveau, confondu avec l'azote et découvert par lord Rayleigh et Ramsay. Ils l'ont appelé *argon*. Il a pour densité 1,40 ; il a été liquéfié et même solidifié. Il n'est pas absorbé par le magnésium au rouge comme l'azote. On y suppose même l'existence d'un autre gaz nommé *hélium*, dont le spectre diffère de celui de l'argon.

Dosage de la vapeur d'eau et de l'acide carbonique (2).

Boussingault fait passer de l'air sur des tubes en U qui lui enlèvent successivement sa vapeur d'eau, puis son acide carbonique, et l'air sec se rend enfin dans un grand aspirateur où il se sature de vapeur d'eau à la température θ de l'aspirateur. Si V est le volume connu de l'aspirateur, le poids π de l'air sera : $\pi = \frac{V.1,293}{1 + \alpha\theta} \times \frac{H - F}{76}$. D'autre part, si p et p' sont les poids de vapeur d'eau et d'acide carbonique retenus par les tubes absorbants, les proportions de ces deux corps seront : $\frac{p}{p + p' + \pi}$ et $\frac{p'}{p + p' + \pi}$.

La proportion de vapeur d'eau est très variable ; celle de l'acide carbonique varie entre 3 et 4 dix-millièmes, parce qu'il est décomposé sans cesse par les parties vertes des plantes, ou dissous par l'eau dans laquelle il forme des bicarbonates solubles.

Autres matières de l'air.

Indépendamment des corps précédents qui existent toujours dans l'air, on peut en outre y trouver, suivant le temps ou les lieux, des traces d'ozone, d'ammoniaque, d'acide sulfhydrique, d'un carbure d'hydrogène provenant des émanations des plantes, enfin des poussières salines et des corpuscules organisés ou ferments, qui provoquent les putréfactions, les moisissures, etc.

L'air est un mélange.

Ceci résulte : 1° de ce que les proportions de l'oxygène et de l'azote ne sont pas simples ; 2° de ce qu'on peut mélanger les deux gaz dans les proportions voulues et refaire de l'air avec toutes ses propriétés, sans observer le moindre dégagement de chaleur ; 3° de ce que les volumes de ces deux gaz dissous dans l'eau satisfont aux lois de la solubilité des mélanges gazeux.

Ammoniaque (AzH^3).

<table>
<tr><td rowspan="16">Composés de l'azote.</td></tr>
<tr><td rowspan="5">Préparations dans</td></tr>
</table>

Composés de l'azote.

Préparations dans — **les laboratoires.**

On traite un sel ammoniacal quelconque par une base fixe, telle que la potasse ou la chaux.

On emploie le plus souvent le chlorhydrate d'ammoniaque et la chaux. Les deux corps pulvérisés sont mêlés dans un petit ballon et chauffés :

$$2(AzH^3, HCl) + CaO = CaCl^2 + H^2O + 2AzH^3 \ (1).$$

Un petit excès de chaux vive ajoutée dans le col du ballon retient l'eau. On recueille le gaz sur le mercure.

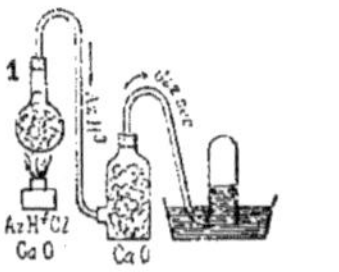

l'industrie.

On chauffe avec un lait de chaux les eaux vannes qui proviennent de la putréfaction de l'urine et qui contiennent du carbonate d'ammoniaque. Le gaz est dissous dans l'eau (alcali du commerce), ou absorbé par des acides pour former des sels utilisés en agriculture.

Propriétés — **physiques.**

Gaz incolore, d'odeur très vive, irritant les yeux, remarquable par sa grande solubilité dans l'eau ; à 0°, elle dissout 1050 fois son volume de gaz. *Expérience du jet d'eau dans un flacon plein de ce gaz* (2).

Sa liquéfaction est très facile ; à 0°, il suffit d'une pression de 4 atm. $\frac{1}{2}$. On peut employer un tube de Faraday contenant du chlorure d'argent, qui, à 0°, absorbe 340 fois son volume de gaz. En chauffant la branche qui le contient à 100°, tout le gaz se dégage et se liquéfie dans la seconde branche froide. — On a ainsi un liquide incolore, très réfringent, de densité 0,75, bouillant à — 33°, et donnant par le vide un froid de — 70°. (*Application à la fabrication de la glace.*)
Densité du gaz ÷ 0,59.

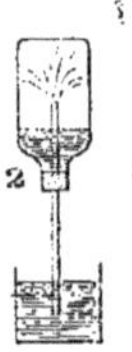

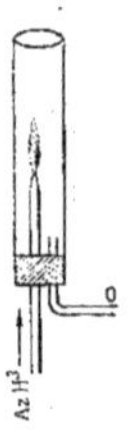

chimiques.

Les corps qui agissent sur l'ammoniaque sont en général ceux qui agissent sur l'hydrogène.

O

L'ammoniaque brûle dans l'oxygène par : $2AzH^3 + 3O = 3H^2O + 2Az \ (3).$
Mélangé à l'oxygène dans la proportion de 4 vol. de gaz pour 3 vol. d'oxygène, on forme un mélange détonant qui brise les vases.
Par l'intervention de la mousse de platine, l'azote lui-même devient acide azotique : $AzH^3 + O^5 = H^2O + AzO^3H.$
Avec une spirale de platine, on a de l'acide azoteux, ou mieux des fumées d'azotite d'ammoniaque.

Cl

L'ammoniaque brûle dans le chlore. Les deux dissolutions gazeuses réagissent de la même façon. $4AzH^3 + 3Cl = 3(AzH^2Cl) + Az.$

C

Le charbon au rouge donne un cyanure : $2AzH^3 + C = CAz(AzH^4) + 2H.$

K,Fe

Les métaux alcalins se substituent à chaud à 1 atome d'hydrogène :

$$AzH^3 + K = AzH^2K + H.$$

Le fer ou le cuivre, au rouge, deviennent cassants au milieu de ce gaz ; probablement parce qu'il s'est formé un azoture que la chaleur a décomposé.

Composition.

Une série d'étincelles décompose environ 94 p. 100 d'ammoniaque ; mais la chaleur du rouge le décompose entièrement. Si on fait passer 2 litres de gaz dans un tube chauffé au rouge, on obtient 1 litre d'azote et 3 litres d'hydrogène. Il y a donc eu condensation de moitié, conformément aux lois de Gay-Lussac.

État naturel.

Ce gaz se produit :

1° Dans la putréfaction des matières azotées : décomposition de la chair musculaire ; fermentation de l'urine, de la gélatine, etc.

2° Dans leur décomposition par la chaleur : décomposition de la houille pour le gaz d'éclairage ; décomposition des os pour le noir animal, etc.

Ammoniaque.

Le caractère chimique principal de l'ammoniaque est d'être une base analogue à la potasse.

La dissolution d'ammoniaque précipite les oxydes insolubles des sels comme le fait la potasse, et la dissolution concentrée donne par le froid des cristaux $AzH^3 + H^2O$ analogues à ceux de KOH. — Avec les acides, la dissolution ammoniacale donne des sels avec élimination d'eau, comme la potasse :

$$HCl + (KOH) = KCl + H^2O \qquad\qquad SO^4H^2 + 2(KOH) = SO^4K^2 + 2H^2O$$
$$HCl + AzH^3, H^2O = AzH^3, HCl + H^2O \qquad\qquad SO^4H^2 + 2(AzH^3, H^2O) = SO^4H^2, 2AzH^3 + 2H^2O.$$

De plus, les sels correspondants de la potasse et de l'ammoniaque sont isomorphes; donc ils doivent avoir la même formule chimique (Mitscherlich). Il suffit pour cela de considérer le groupe (AzH^4) comme jouant le même rôle que le métal potassium; alors on lui donne le nom *d'ammonium;* les sels de l'ammoniaque deviennent des sels d'ammonium, et on écrit :

$$(AzH^4)OH. \qquad\qquad (AzH^4)Cl. \qquad\qquad SO^4(AzH^4)^2.$$

Cette théorie est universellement admise à cause de sa simplicité. D'ailleurs, on a pu obtenir un amalgame d'ammonium faisant gonfler considérablement le mercure, et qui semble ainsi prouver l'existence de ce radical dans les sels ammoniacaux; mais il se détruit très rapidement en se dédoublant en mercure, AzH^3 et H.

Composés oxygénés de l'azote.

Anhydride azotique (Az^2O^5).

Deville l'a obtenu le premier, en faisant passer un courant de chlore sec sur de l'azotate d'argent sec, et en recueillant les vapeurs dans un tube refroidi : $2(AzO^3Ag) + 2Cl = 2AgCl + Az^2O^5 + O$.
Corps solide, cristallisé, très instable, se décomposant spontanément. — Oxydant énergique.

Acide azotique [Az^2O^5, $H^2O = 2(AzO^3H)$].

les laboratoires.
On chauffe dans une cornue l'azotate de potassium mêlé à de l'acide sulfurique, et on condense les vapeurs dans un ballon refroidi : $AzO^3K + SO^4H^2 = SO^4HK + AzO^3H$ (1).
A la fin de l'opération, il se produit des vapeurs rouges de peroxyde d'azote AzO^2, provenant de la décomposition par la chaleur des dernières vapeurs de Az^2O^5, H^2O, qui se dédouble en H^2O, $2AzO^2$ et O.

l'industrie.
On emploie l'azotate de sodium du Chili, et les vapeurs sont condensées dans une série de bonbonnes à moitié pleines d'eau, de sorte qu'on obtient de l'eau saturée de vapeurs d'acide azotique, et la formule du produit est sensiblement : Az^2O^5, $4H^2O$.

Acide fumant des laboratoires.
Liquide jaune, fumant à l'air, densité 1,52, bouillant à 86° en se décomposant partiellement en H^2O, $2AzO^2$ et O. Le point d'ébullition s'élève ainsi progressivement jusqu'à 123°. — Se solidifie à — 50°.

Acide du commerce.
Liquide incolore à l'état pur, ne fumant pas à l'air, densité 1,42, bouillant à 123° sans décomposition; par conséquent beaucoup plus stable que le précédent.

Corps trivalents.

Acide azotique.

Composés de l'azote.

Propriétés chimiques.

Métalloïdes.

L'acide azotique attaque tous les métalloïdes en les faisant passer au maximum d'oxydation. Exception pour O, Az, F, Cl.

H — réduit complètement AzO^3H à chaud : $AzO^3H + 5H = 3H^2O + Az$.

En présence de la mousse de platine on a de l'ammoniaque :

$$AzO^3H + 8H = 3H^2O + AzH^3 \text{ (1)}.$$

Il en est de même à froid, en présence de l'hydrogène naissant. Ainsi en versant un peu d'acide azotique dans un flacon à hydrogène en activité, il se produit du sulfate d'ammonium.

P | devient acide phosphorique : $5(AzO^3H) + 2H^2O + 3P = 3(PO^4H^3) + 5AzO$.

C | — acide carbonique : $4(AzO^3H) + 3C = 3CO^2 + 2H^2O + 4AzO$.

S | — acide sulfurique, etc. : $2(AzO^3H) + S = SO^4H^2 + 2AzO$.

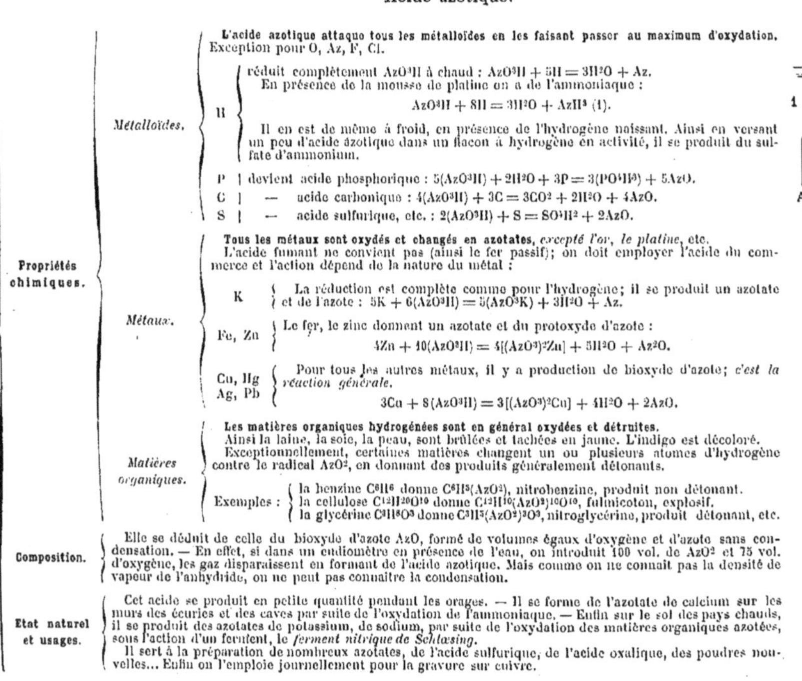

Métaux.

Tous les métaux sont oxydés et changés en azotates, *excepté l'or, le platine*, etc. L'acide fumant ne convient pas (ainsi le fer passif); on doit employer l'acide du commerce et l'action dépend de la nature du métal :

K — La réduction est complète comme pour l'hydrogène; il se produit un azotate et de l'azote : $5K + 6(AzO^3H) = 5(AzO^3K) + 3H^2O + Az$.

Fe, Zn — Le fer, le zinc donnent un azotate et du protoxyde d'azote : $4Zn + 10(AzO^3H) = 4[(AzO^3)^2Zn] + 5H^2O + Az^2O$.

Cu, Hg, Ag, Pb — Pour tous les autres métaux, il y a production de bioxyde d'azote; *c'est la réaction générale.* $3Cu + 8(AzO^3H) = 3[(AzO^3)^2Cu] + 4H^2O + 2AzO$.

Matières organiques.

Les matières organiques hydrogénées sont en général oxydées et détruites. Ainsi la laine, la soie, la peau, sont brûlées et tachées en jaune. L'indigo est décoloré. Exceptionnellement, certaines matières changent un ou plusieurs atomes d'hydrogène contre le radical AzO^2, en donnant des produits généralement détonants.

Exemples :
la benzine C^6H^6 donne $C^6H^5(AzO^2)$, nitrobenzine, produit non détonant.
la cellulose $C^{12}H^{20}O^{10}$ donne $C^{12}H^{10}(AzO^2)^{10}O^{10}$, fulmicoton, explosif.
la glycérine $C^3H^8O^3$ donne $C^3H^5(AzO^2)^3O^3$, nitroglycérine, produit détonant, etc.

Composition.

Elle se déduit de celle du bioxyde d'azote AzO, formé de volumes égaux d'oxygène et d'azote sans condensation. — En effet, si dans un eudiomètre en présence de l'eau, on introduit 100 vol. de AzO^2 et 75 vol. d'oxygène, les gaz disparaissent en formant de l'acide azotique. Mais comme on ne connaît pas la densité de vapeur de l'anhydride, on ne peut pas connaître la condensation.

Etat naturel et usages.

Cet acide se produit en petite quantité pendant les orages. — Il se forme de l'azotate de calcium sur les murs des écuries et des caves par suite de l'oxydation de l'ammoniaque. — Enfin sur le sol des pays chauds, il se produit des azotates de potassium, de sodium, par suite de l'oxydation des matières organiques azotées, sous l'action d'un ferment, le *ferment nitrique de Schlœsing*.

Il sert à la préparation de nombreux azotates, de l'acide sulfurique, de l'acide oxalique, des poudres nouvelles... Enfin on l'emploie journellement pour la gravure sur cuivre.

Corps trivalents.

Peroxyde d'azote et acide azoteux (AzO^2 et AzO^2H).

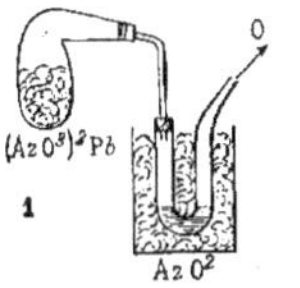

Préparation. On obtient le peroxyde d'azote, en calcinant au rouge, dans une cornue en grès, de l'azotate de plomb préalablement desséché, et recueillant les vapeurs rouges qui se dégagent dans un matras refroidi.
$$(AzO^3)^2Pb = PbO + O + 2AzO^2 \ (1).$$

Propriétés. Liquide rouge brun, se solidifiant à — 9°, bouillant à 22°, en donnant des vapeurs rouges dont la densité est 1,58.

En présence de la potasse, on obtient un azotate et un azotite : $2AzO^2 + 2(KOH) = AzO^3K + AzO^2K + H^2O$.

En présence de l'eau glacée, on a de même de l'acide azotique et de l'acide azoteux :
$$2AzO^2 + H^2O = AzO^3H + AzO^2H.$$

L'acide azoteux, plus lourd que l'autre, est un liquide bleu très instable, se décomposant au-dessus de 0°; mais donnant avec la potasse, la baryte, des sels difficilement décomposables par la chaleur.

Azotyle. Le peroxyde d'azote se comporte souvent comme un radical monovalent qu'on nomme *azotyle*. Ainsi avec le chlore, il donne AzO^2Cl; avec la benzine, il se substitue à un atome d'hydrogène en donnant $C^6H^5(AzO^2)$ etc.

Oxyde azotique ou bioxyde d'azote (AzO).

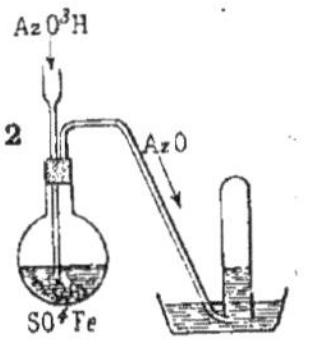

Préparations. 1° On l'obtient en réduisant l'acide azotique par le cuivre, le mercure, l'étain, etc. L'action a lieu à froid.
$$3Cu + 8(AzO^3H) = 3[(AzO^3)^2Cu] + 4H^2O + 2AzO — \text{ Le gaz peut contenir du protoxyde } Az^2O.$$

2° On l'obtient pur, en réduisant l'acide azotique par le sulfate de fer additionné d'acide sulfurique :
$$6(SO^4Fe) + 3SO^4H^2 + 2AzO^3H = 3[(SO^4)^3Fe^2] + 4H^2O + 2AzO \ (2).$$

Propriétés

physiques. Gaz incolore, odeur et saveur inconnues, très peu soluble dans l'eau $\left(\frac{1}{30}\right.$ de son volume à 0°$\left.\right)$, difficilement liquéfiable. Point critique à —93°. Liquéfié depuis longtemps par Cailletet au moyen d'une détente brusque.

Il donne ainsi un liquide bouillant à —154°, se solidifiant à —167°. Densité du gaz = 1,039.

Au rouge, il se décompose en ses éléments; les étincelles le transforment en peroxyde :
$$2AzO = Az + AzO^2.$$

chimiques. Il se combine directement à l'oxygène de l'air pour se changer en peroxyde : $AzO + O = AzO^2$; toutefois, il se comporte en général comme un oxydant. Ainsi avec :

H — Au rouge, on a : $AzO + H^2 = H^2O + Az$.
Avec la mousse de platine chauffée : $AzO + 5H = H^2O + AzH^3$.

C, P, — Le charbon, le phosphore bien enflammés, brûlent dans ce gaz :
$$2AzO + C = CO^2 + 2Az.$$

K, Mg — De même pour ces deux métaux chauffés dans une atmosphère de ce gaz.

CS² — Avec le sulfure de carbone en vapeur, il forme un mélange détonant, brûlant avec une belle flamme violette; le charbon est complètement brûlé, mais le soufre se dépose en partie.

SO⁴Fe — Ce gaz est absorbé par le sulfate de fer qu'il colore en noir. La combinaison $2SO^4Fe + AzO^2$ est très instable, et en la chauffant elle laisse dégager le gaz pur.

Comme tous les composés de l'azote, c'est un composé indirect; il détone avec une amorce de fulminate de mercure.

Nitrosyle. Dans un grand nombre de réactions, il joue le rôle d'un radical monovalent appelé *nitrosyle*. Ainsi avec Cl, Br, il donne $(AzO)Cl$, $(AzO)Br$; — avec l'acide sulfurique, il donne $SO^4H(AzO)$.

Composition. Si on chauffe 2 vol. de ce gaz dans une cloche courbe en présence d'un grain de phosphore, il reste 1 vol. d'azote. Si x est le vol. d'oxygène absorbé, on aura : $2 \times 1,293 \times 1,039 = 1,293 \times 0,972 + x.1,293 \times 1,1056$; d'où $x = 1$. Le gaz est formé de volumes égaux d'oxygène et d'azote, unis sans condensation.

Corps trivalents.

Oxyde azoteux ou protoxyde d'azote (Az²O).

Az⁵(AzH⁴)

Az²O

1

Préparation. S'obtient en décomposant l'azotate d'ammonium par la chaleur à 250° : $AzO^3(AzH^4) = 2H^2O + Az^2O$ (1). Il faut chauffer avec précaution, sinon on pourrait obtenir d'autres gaz tels que Az, AzO, AzO²; et même si on dépassait 300°, il pourrait y avoir explosion.

Propriétés

physiques. Gaz incolore, inodore, de saveur sucrée, de densité 1,527, assez soluble dans l'eau. 1 vol., 3 à 0°, facilement liquéfiable. Son point critique est à 38°, et à 0° il suffit d'une pression de 30 atmosphères. Cette liquéfaction se fait avec des pompes foulantes qui compriment le gaz dans des récipients en fer forgé très résistants. On a ainsi un liquide incolore, de densité 0,93, bouillant à — 88°, et donnant par le vide un froid de — 100°.

physiologiques. Ce gaz, nommé gaz *hilarant* par Davy, est un anesthésique. Pour utiliser cette propriété en chirurgie, il faut le mélanger à la moitié de son volume d'air pour éviter l'asphyxie, et faire respirer ce mélange sous la pression de 1 atm. 1/4 environ (P. Bert).

chimiques. Se décompose par la chaleur en Az² + O, et le mélange, plus riche en O que l'air, entretient vivement les combustions. Ainsi il rallume une allumette présentant un point en ignition; mais on le distingue de l'oxygène en employant du bioxyde d'azote, qui donne aussitôt des vapeurs rouges avec l'oxygène.

Avec des étincelles électriques on a finalement : $2Az^2O = 3Az + AzO^2$.

H à chaud, on a : $Az^2O + H^2 = H^2O + 2Az.$ — Ce mélange détone; avec la mousse de platine : $Az^2O + 8H = H^2O + 2AzH^3$.

C, S, P. | Tous ces corps enflammés brûlent vivement dans le gaz en donnant CO^2, SO^2, P^2O^5.

K, Mg. | Chauffés, brûlent dans ce gaz en donnant K^2O, MgO.

Composition. Dans 2 vol. de ce gaz introduit dans une cloche courbe on chauffe un fragment de phosphore, et il reste 2 vol. d'azote. Si x est le volume d'oxygène absorbé, on a :

$$2 \times 1,293 \times 1,527 = 2 \times 1,293 \times 0,972 + x \times 1,293 \times 1,1056. \text{ D'où } x = 1.$$

Eau régale.

Eau régale. C'est un mélange d'acide azotique et d'acide chlorhydrique qui a la propriété de dissoudre l'or et le platine. L'acide chlorhydrique réduit en effet lentement l'acide azotique, en mettant en liberté du chlore qui reste dissous.

$$AzO^3H + HCl = AzO^2 + H^2O + Cl.$$

Nous savons déjà d'ailleurs que le chlore en dissolution transforme l'or en $AuCl^3$ soluble.

En réalité la réaction est plus compliquée, car il se forme en même temps que AzO^2, les composés $(AzO)Cl$, $(AzO^2)Cl$.

Composés de l'azote.

Phosphore (P).

Préparation.

Cette préparation en apparence compliquée, s'explique aisément, si l'on remarque que seuls l'anhydride phosphorique et l'acide métaphosphorique PO^3H ou les métaphosphates, sont décomposables par le charbon au rouge blanc.

$$P^2O^5 + 5C = 5CO + 2P ; \qquad PO^3H + 3C = 3CO + H + P.$$

Si donc nous prenons comme matière première le phosphate tricalcique des os $(PO^4)^2Ca^3$, il faudra, par une série de réactions, l'amener à l'état d'acide métaphosphorique ou de métaphosphate de calcium.

Actuellement dans l'usine Coignet, de Lyon, on traite d'abord les os par de l'acide chlorhydrique étendu, et en négligeant le carbonate de calcium, le phosphate tricalcique insoluble devient phosphate monocalcique *soluble*; l'osséine reste et servira à faire de la gélatine.

$$(PO^4)^2Ca^3 + 4HCl = 2CaCl^2 + (PO^4)^2H^4Ca.$$

On ajoute ensuite une quantité convenable de chaux pour avoir du phosphate bicalcique *insoluble*.

$$(PO^4)^2H^4Ca + CaO = H^2O + (PO^4)^2H^2Ca^2.$$

Le précipité, bien lavé, est traité par de l'acide sulfurique concentré; ce qui donne de l'acide phosphorique.

$$(PO^4)^2H^2Ca^2 + 2(SO^4H^2) = 2(SO^4Ca) + (PO^4)^2H^6.$$

Cet acide phosphorique, bien séparé du sulfate de calcium insoluble et mêlé à du charbon en poudre, est calciné vers le rouge; il perd ainsi de l'eau et devient acide métaphosphorique.

$$(PO^4)^2H^6 - 2H^2O = 2(PO^3H).$$

De sorte qu'en chauffant finalement le mélange au rouge blanc on aura la réaction écrite au début (1).

Purification.

Ce phosphore, condensé sous l'eau, contient de la poussière de charbon entraînée et du phosphore oxydé. On le purifie en le faisant passer à travers du noir animal, puis à travers une peau de chamois, et enfin on le moule en prismes ou en cylindres.

Remarque.

On pourrait obtenir plus rapidement le phosphore en se servant du *four électrique de M. Moissan à tube incliné*. On fait couler lentement dans ce tube un mélange de métaphosphate de calcium et de charbon; le phosphore est immédiatement mis en liberté en traversant la région du tube chauffée par l'arc, et la vapeur est condensée dans de l'eau.

Propriétés physiques.

Phosphore blanc.

Solide, transparent, de couleur ambrée, d'une odeur spéciale, mou, flexible, insoluble dans l'eau, soluble dans le sulfure de carbone et la benzine. Fond à 44°, bout à 278° en donnant une vapeur de densité 4,35. — Densité 1,84.

Cristallise en dodécaèdres, soit en laissant évaporer sa dissolution dans le sulfure de carbone, soit en le faisant sublimer dans un ballon vide d'air. Il est très vénéneux.

Phosphore rouge. (2)

C'est une modification allotropique du précédent, produite soit par l'action de la lumière, soit par l'action de la chaleur.

On l'obtient en chauffant le phosphore blanc à l'abri de l'air dans une chaudière, pendant 6 jours à 240°, puis pendant 2 jours à 260°. — La masse d'abord liquide se solidifie et devient rouge, et après refroidissement on la traite par du sulfure de carbone pour dissoudre le phosphore blanc inaltéré.

Corps trivalents.

Phosphore.

Propriétés

physiques. — *Phosphore rouge.* Cette nouvelle variété est rouge écarlate, mais la couleur varie avec la température de transformation; à 580°, il est cristallisé en octaèdres, et a pour densité 2,34. Toutefois il est toujours plus dense que le phosphore blanc, n'est pas soluble dans le sulfure de carbone, ne s'altère pas à l'air, n'est ni phosphorescent, ni vénéneux. La transformation est accompagnée d'un dégagement de chaleur de 19 calories pour 31 grammes.

Les propriétés chimiques sont les mêmes pour les deux variétés, mais très atténuées pour le phosphore rouge. Elles prouvent que le phosphore est un corps très réducteur.

chimiques. — O — A l'air, le phosphore s'oxyde lentement en produisant un mélange d'acide phosphoreux et phosphorique; la température s'élève, et à 60° il s'enflamme. Dans l'obscurité il paraît alors lumineux ou phosphorescent, et ceci est dû à la combustion des vapeurs de phosphore par l'oxygène (Phosphorescence).

Dans l'oxygène pur, il n'y a ni oxydation ni phosphorescence au-dessous de 20°, à moins qu'on diminue la pression de l'oxygène; au-dessus de 20°, il s'enflamme, et l'oxygène pur peut même le faire brûler ainsi sous l'eau.

Composés oxygénés. — Le phosphore réduit facilement la plupart des composés oxygénés : ainsi l'acide azotique, l'acide sulfurique, l'acide chlorique, et l'acide carbonique qui est ramené à l'état de charbon.

Il réduit même les sels : ainsi les sels de cuivre, d'or, de platine. Un bâton de phosphore plongé dans une dissolution de sulfate de cuivre se recouvre de cuivre qui cristallise.

Il décompose l'eau en présence d'une dissolution de potasse; ce que ne fait pas la variété rouge.

Br, I, Cl — Le phosphore blanc s'enflamme dans le chlore et le brome; la variété rouge nécessite l'intervention de la chaleur.

Usages. — L'usage principal du phosphore réside dans la fabrication des allumettes; mais le maniement de ce corps est dangereux et ses vapeurs produisent une nécrose des os du nez.

Anhydrides phosphorique et phosphoreux (P^2O^5, P^2O^3).

Préparations et propriétés. — On obtient l'anhydride phosphorique P^2O^5 en faisant brûler du phosphore dans de l'air sec qu'on peut renouveler (1). On a ainsi une poudre blanche, excessivement avide d'eau, ce qui la fait employer pour dessécher complètement les gaz. — Décomposée par le charbon au rouge.

L'anhydride phosphoreux s'obtient en faisant brûler incomplètement du phosphore dans un tube effilé où l'air n'a pas un accès suffisant. — C'est une poudre blanche, fusible à 22° et combustible.

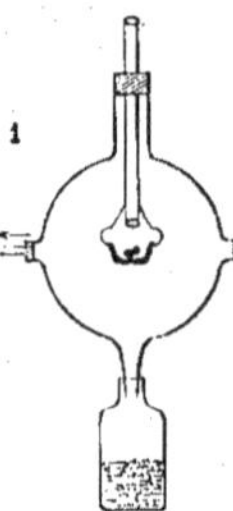

Acides du phosphore.

Hydratation de P^2O^5. — L'anhydride P^2O^5, au contact de l'eau, en prend d'abord une molécule pour donner :

$$P^2O^5 + H^2O = 2(PO^3H) \quad - \text{ l'acide métaphosphorique;}$$

puis lentement à froid, et rapidement à l'ébullition, il prend 2, 3 molécules d'eau, ce qui donne :

$$P^2O^5 + 2H^2O = P^2O^7H^2 \quad - \text{ acide pyrophosphorique;}$$
$$P^2O^5 + 3H^2O = 2(PO^3H^3) \quad - \text{ acide orthophosphorique.}$$

Corps trivalents.

Acides du phosphore.

Phosphore et ses composés.

Préparations et caractères distinctifs.

Acide ortho.

L'acide orthophosphorique, ou acide phosphorique ordinaire, peut s'obtenir dans les laboratoires en oxydant le phosphore rouge par l'acide azotique; mais l'industrie le prépare en abondance, comme nous l'avons vu, pour la préparation du phosphore. — Il est *tribasique*.

Concentré, il donne des cristaux PO^4H^3, fusibles à 42°. — Ses sels solubles (sels alcalins) donnent avec l'azotate d'argent un *précipité jaune* PO^4Ag^3, soluble dans l'acide azotique et l'ammoniaque.

Acide pyro.

Peut s'obtenir en chauffant le précédent à 215°, ce qui lui fait perdre une molécule d'eau. $P^2O^7,3H^2O - H^2O = P^2O^7H^2$. — Il est *tétrabasique*, car on connaît les sels :

$$P^2O^7Na^4; \qquad P^2O^7H^2Na^2;.....$$

Cristallise difficilement, et ses sels alcalins précipitent les *sels d'argent en blanc* : $P^2O^7Ag^4$.

Acide méta.

Pourrait s'obtenir en chauffant les précédents au rouge; habituellement on décompose par la chaleur le phosphate d'ammonium : $PO^4H(AzH^4)^2 = 2AzH^3 + H^2O + PO^3H$.

Se présente en masses vitreuses, incristallisables; ses sels alcalins précipitent les sels d'argent en *blanc* : PO^3Ag. — Mais *libre*, il se distingue des précédents en ce qu'il *coagule l'albumine*.

Son avidité pour l'eau le fait employer pour dessécher les gaz à la place de P^2O^5.

Hydratation de P^2O^3.

L'anhydride phosphoreux prend aussi 3 molécules d'eau pour donner l'acide phosphoreux :

$$P^2O^3,3H^2O = 2(PO^3H^3).$$

Cet acide peut cristalliser; mais il n'est que *bibasique*, et sa formule doit s'écrire $(PO^3H)H^2$; par suite ses sels s'écriront : $(PO^3H)Na^2$, $(PO^3H)HNa$, $(PO^3H)Ca$, etc.

Il tend à passer à l'état d'acide phosphorique; il est très avide d'oxygène, et par suite réducteur. De même pour ses sels.

Acide hypophosphoreux.

Le phosphore en présence de la potasse décompose l'eau en donnant un hypophosphite. La formule brute de cet acide est $P^2O,3H^2O$: mais comme il est *monobasique*, elle doit s'écrire : $(PO^2H^2)H$, et le sel de potassium aura pour formule $(PO^2H^2)K$.

Excessivement réducteur. — Réduit SO^2 et, avec le sulfate de cuivre, donne à 70° l'hydrure Cu^2H^2.

Phosphures d'hydrogène.

On connaît trois phosphures d'hydrogène : 1° P^4H solide, qui se présente sous la forme d'une poudre jaune très combustible; 2° PH^2 liquide, s'enflammant spontanément à l'air, et dont la vapeur mêlée aux gaz combustibles les rend aussi spontanément inflammables; 3° PH^3 gazeux, qui à l'état de pureté ne s'enflamme qu'à partir de 100°.

Préparations de PH^3.

1° On l'obtient très pur en décomposant par la potasse le composé PH^4I, *iodure de phosphonium*.

$$PH^4I + KOH = PH^3 + IK + H^2O.$$

2° Ordinairement on traite le composé PCa (obtenu en faisant passer des vapeurs de phosphore sur de la craie chauffée au rouge) par HCl; il se produit du phosphure liquide que l'acide décompose (1) :

$$PCa + 2HCl = PH^2 + CaCl^2, \text{ et } 5PH^2 = 3PH^3 + P^2H.$$

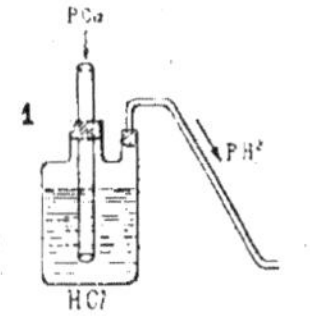

Corps trivalents.

Phosphure d'hydrogène gazeux (PH³).

Phosphore et ses composés.

Propriétés

physiques. — Gaz incolore, d'odeur alliacée, un peu soluble dans l'eau ($\frac{1}{8}$ de son volume), liquéfiable, et de densité 1,18.

chimiques. — La chaleur le décompose en phosphore et hydrogène; les étincelles donnent :

$$2PH^3 = P^2H + 5H.$$

S'enflamme à 100°, brûle avec une vive lumière, et en produisant des explosions en présence de l'oxygène pur ou du chlore : **Excessivement réducteur.**
Son caractère chimique fondamental est d'être basique comme le gaz ammoniac.

Il se combine directement à IH, BrH, en donnant PH⁴I, PH⁴Br, à HCl à — 30°, ou sous une pression de 30 atmosphères pour donner PH⁴. Cl. } *sels de phosphonium.*

Et enfin, de même que AzH³ peut donner :

$$
\text{les amines} \quad Az \begin{cases} C^2H^5 \\ H \\ H \end{cases} \quad Az \begin{cases} C^2H^5 \\ C^2H^5 \\ H \end{cases} \quad Az \begin{cases} C^2H^5 \\ C^2H^5 \\ C^2H^5 \end{cases} \quad \text{de même on a :} \quad p \begin{cases} C^2H^5. \\ H. \\ H. \end{cases} \quad p \begin{cases} C^2H^5 \\ C^2H^5 \\ H \end{cases} \text{phosphines. etc.}
$$

Préparation de Gengembre. — Ce gaz a été préparé très anciennement par Gengembre, en chauffant du phosphore avec une dissolution de potasse, de soude ou de chaux. Il est alors très impur, et contient du phosphure liquide et de l'hydrogène (1),

$$5P + 3(KOH) + 3H^2O = 5[PO^2H^2K] + PH^3.$$
$$3P + 2(KOH) + 2H^2O = 2[PO^2H^2K] + PH^2.$$
$$P + KOH + H^2O = PO^2H^2K + H.$$

Le gaz s'enflamme alors à l'air en donnant des couronnes de fumées blanches (P²O⁵), mais si on l'abandonne longtemps à la lumière, ou si on le met en présence de HCl ou de la térébenthine qui détruisent PH², il perd son inflammabilité. — Ce phosphure impur se produit quelquefois dans les cimetières (feux follets).

Composition. — Chauffons 2 vol. de ce gaz dans une cloche courbe en présence du cuivre; on obtiendra 3 vol. d'hydrogène. — Si x est le volume de vapeur de phosphore absorbé par le cuivre, on aura :

$$2 \times 1{,}293 \times 1{,}18 = 3 \times 1{,}293 \times 0{,}0692 + x \times 1{,}293 \times 4{,}35, \quad \text{d'où : } x = \frac{1}{2}.$$

Cette composition n'est plus analogue à celle de l'ammoniaque; elle le deviendrait si la densité de vapeur du phosphore était deux fois moindre, et ce résultat est possible à une température assez élevée.

Arsenic et antimoine.

Arsenic et antimoine.

Ces deux corps ont été rangés dans la famille du phosphore, parce que leurs poids moléculaires sont égaux à 4 fois leurs poids atomiques. De plus leurs composés oxygénés et hydrogénés sont analogues. Ainsi :

à $\begin{cases} P^2O^3 \\ P^2O^5 \end{cases}$ correspondent $\begin{cases} As^2O^3. \\ As^2O^5. \end{cases}$ $\begin{matrix} Sb^2O^3. \\ Sb^2O^5. \end{matrix}$ ‖ à $\begin{cases} PO^4H^3 \\ P^2O^7H^4 \\ PO^3H \end{cases}$ correspondent $\begin{cases} AsO^4H^3. \\ As^2O^7H^4. \\ AsO^3H. \end{cases}$ $\begin{matrix} \dots \\ Sb^2O^7H^4. \\ SbO^3H. \end{matrix}$

Enfin à PH³ correspondent AsH³ et SbH³ qui ont la même constitution chimique en volumes.
AsH³ est excessivement vénéneux, mais ses propriétés basiques sont nulles.

Carbone (C).

Le carbone se présente sous un grand nombre de variétés que l'on désigne en général sous le nom de charbons. Mais toutes ces substances présentent les caractères suivants : 1° elles sont infusibles et insolubles, excepté dans la fonte ou l'argent ; 2° en brûlant dans l'oxygène elles donnent uniquement de l'acide carbonique.

Carbone et ses composés. — Diverses variétés :

cristallisées.

Diamant. — Le diamant est un charbon presque pur, cristallisé en octaèdres (1) ou en solides à 24 ou 48 faces. — Incolore, mais souvent coloré aussi en vert, jaune, bleu ; de densité 3,5 et remarquable par sa dureté et son pouvoir réfringent. — Utilisé en bijouterie après avoir été taillé (2-3). Brûle dans l'oxygène pur à haute température. — A été reproduit artificiellement par M. Moissan.

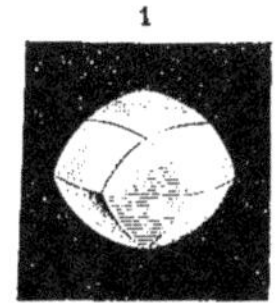

Graphite. — Le graphite est un charbon presque pur, cristallisé en paillettes hexagonales, bon conducteur de la chaleur et de l'électricité, et brûlant dans l'oxygène à haute température. Il est onctueux au toucher, tache le papier ; de là son usage principal pour la fabrication des crayons. — S'obtient facilement par cristallisation du charbon dans la fonte.

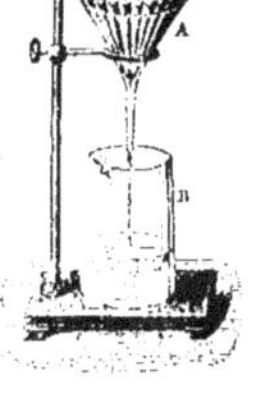

amorphes.

Naturels.

Tous ces charbons proviennent d'une combustion lente de masses végétales enfonies dans le sol.

Anthracite. — C'est le plus ancien de ces charbons, par suite le plus pur ; il brûle avec peu de flamme, sous l'action d'un bon tirage, en dégageant beaucoup de chaleur.

Houilles. — Contiennent encore des matières organiques et brûlent avec beaucoup de fumée. On les divise en *houilles grasses*, à longue flamme, utilisées pour le gaz d'éclairage ; et *houilles maigres*, à courte flamme, employées pour le chauffage.

Lignite. — Est un charbon récent et très impur. — Une de ses variétés est le jais.

Coke. — C'est le résidu de la calcination de la houille. — Sert pour le chauffage et brûle sans fumée.

Artificiels.

Charbon des cornues. — C'est un dépôt qui se produit lentement dans les cornues à gaz. Il est bon conducteur et sert à faire les pôles positifs des piles.

Charbon de bois. — Provient de la combustion incomplète du bois. — Elle s'opère, soit par le procédé des *meules*, dans les forêts, soit par le procédé des *cylindres* pour le charbon nécessaire à la poudre. Il est avide d'eau, et absorbe les gaz solubles dans l'eau ; de là son application pour liquéfier les gaz, ou pour absorber les gaz odorants que peut contenir l'eau (filtres).

Noir animal. — Charbon très impur provenant de la calcination des os. Il possède la propriété d'absorber les matières colorantes (4) (raffinage du sucre).

Noir de fumée. — Provient de la combustion incomplète des résines. — Sert à faire des peintures en noir, l'encre d'imprimerie, l'encre de Chine, etc.

Charbon de sucre. — Charbon très pur obtenu en décomposant le sucre par la chaleur. Il sert pour certaines réactions de la chimie.

Corps tétravalents.

Carbone.

Carbone et ses composés.

Propriétés chimiques.

Le carbone a pour caractère chimique essentiel d'être réducteur.

O — Les charbons brûlent dans l'oxygène ou dans l'air en donnant de l'acide carbonique, et de l'oxyde de carbone, si la température est très élevée ou si le charbon est en excès.

Oxydes — Il réduit les oxydes et on a suivant la température :
$$2CuO + C = CO^2 + 2Cu; \qquad ZnO + C = Zn + CO \ (1).$$

Acides — Il réduit la plupart des acides. Exemple : l'acide azotique, l'acide sulfurique, l'acide carbonique même.

H^2O — L'eau est décomposée au rouge, parce qu'elle est dissociée, et on a les deux réactions :
$$H^2O + C = CO + H^2; \qquad 2H^2O + C = CO^2 + 2H^2.$$

Az — Se combine à l'azote en présence des alcalis : $2Az + 3C + 2(KOH) = 2(CAzK) + H^2O + CO$.

Bo, Si, Ca H, S — A de très hautes températures (arc électrique), le charbon se combine à l'hydrogène, au bore, au silicium, et même aux métaux tels que le calcium, le barium (CaC^2, BaC^2). Avec le silicium en particulier on a un composé très dur, nommé carborundum, qui remplace l'émeri.
Le soufre est un comburant pour le charbon avec lequel il forme CS^2, *sulfure de carbone*.

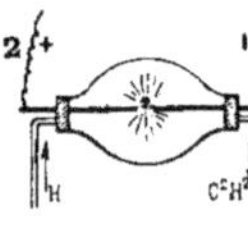

Carbures d'hydrogène (C^2H^2, C^2H^4, CH^4).

Généralités.

Ces composés sont excessivement nombreux; les uns sont solides, comme la paraffine, la naphtaline; d'autres sont liquides comme les essences, la benzine; et enfin d'autres sont gazeux, et parmi ces derniers nous étudierons l'acétylène, l'éthylène et le méthane.

Acétylène (C^2H^2).

Préparations.

1º A été obtenu par synthèse par M. Berthelot, en combinant le charbon et l'hydrogène sous l'action de l'arc électrique (2).

2º Se produit dans les combustions incomplètes, ou dans les décompositions des matières organiques par la chaleur.

3º S'obtient maintenant à l'état de pureté, en décomposant le carbure de calcium CaC^2 par l'eau :
$$CaC^2 + 2H^2O = C^2H^2 + CaO,H^2O.$$

Propriétés

physiques. — Gaz incolore, odeur du gaz d'éclairage, assez soluble dans l'eau, facilement liquéfiable. Son point critique est 37º, aussi a-t-il été liquéfié à 1º sous la pression de 83 atm. Sa densité est 0,92.

chimiques. — Gaz très important à cause des nombreuses synthèses qu'il permet de produire.

Chaleur — Par la chaleur il se condense et donne de la benzine : $3(C^2H^2) = C^6H^6$.

O — Brûle avec une flamme excessivement éclairante. — Son pouvoir éclairant vaut 15 fois celui du gaz.
Le mélange des deux gaz détone violemment : $C^2H^2 + 5O = 2CO^2 + H^2O$.

H — Se combine à H au rouge sombre en donnant : C^2H^4, C^2H^6.

Az — Sous l'influence des étincelles on a : $2Az + C^2H^2 = 2(CAzH)$, acide cyanhydrique.

Cl — 1º Le chlore peut prendre son hydrogène : $C^2H^2 + 2Cl = 2HCl + 2C$.
2º Le chlore peut se fixer sur l'acétylène en donnant deux produits d'addition : $C^2H^2Cl^2$, $C^2H^2Cl^4$. — *C'est donc un carbure incomplet ou non saturé.*

Cu^2Cl^2 — L'acétylène a pour caractère de se combiner au chlorure cuivreux en donnant un précipité rouge de ($C^2H^2Cu^2O$), acétylure de cuivre.

Corps tétravalents.

Ethylène (C^2H^4).

Carbone et ses composés.

Préparation. Ce gaz résulte de l'action de l'acide sulfurique sur l'alcool C^2H^6O, qu'on peut envisager comme analogue à la potasse KOH, en écrivant sa formule : $(C^2H^5)OH$; C^2H^5 étant un radical nommé *éthyle*. — Les deux corps sont mélangés dans un ballon avec du sable, puis chauffés; il se produit d'abord le composé $SO^4(C^2H^5)H$, *sulfate acide d'éthyle*, qui se décompose à 160°, de sorte qu'on a les deux réactions :

$$SO^4H^2 + C^2H^6O = SO^4(C^2H^5)H + H^2O \quad \text{et} \quad SO^4(C^2H^5)H = SO^4H^2 + C^2H^4 \quad (1).$$

Si on dépasse 160°, le gaz réduit l'acide sulfurique en produisant de l'anhydride sulfureux et de l'anhydride carbonique, de sorte qu'il faudra laver le gaz dans une dissolution de potasse.

Propriétés physiques. Gaz incolore, d'odeur empyreumatique, très peu soluble dans l'eau, liquéfiable à 0° et à 44 atmosphères. Point critique, 10°. — Donne un liquide bouillant à — 136° dans le vide et employé pour liquéfier d'autres gaz. Densité du gaz : 0,978.

Propriétés chimiques.

O | Brûle avec une flamme éclairante : $C^2H^4 + 6O = 2CO^2 + 2H^2O$ (mélange détonant).

Cl, Br |
1° Peut prendre son hydrogène : $C^2H^4 + 4Cl = 4HCl + 2C$;
2° Peut s'ajouter aux éléments du gaz : $C^2H^4 + Cl^2 = C^2H^4Cl^2$, chlorure d'éthylène ou liqueur des Hollandais;
3° *Indirectement* peut se substituer atome par atome à H, en donnant :

$$C^2H^3Cl, \quad C^2H^2Cl^2, \quad C^2HCl^3, \quad C^2Cl^4.$$

III | Les hydracides peuvent s'ajouter au gaz comme Cl^2; et avec HI on a $C^2H^5(HI)$, éther qui, traité par la potasse, régénère l'alcool :

$$C^2H^5(HI) + KOH = IK + C^2H^6O \quad \text{(synthèse de l'alcool)}.$$

Gaz des marais ou formène ou méthane (CH^4).

Préparation. Découvert par Volta au milieu des bulles de gaz qui s'échappent de la vase des marais. Se prépare en chauffant dans une cornue de grès un mélange d'acétate de sodium et de soude caustique, ou encore avec de la chaux éteinte par une dissolution de soude (*chaux sodée*).

$$C^2H^3NaO^2 + NaOH = CO^3Na^2 + CH^4 \quad (2).$$

Propriétés physiques. Gaz incolore, inodore, sans saveur, très peu soluble, très difficilement liquéfiable. Température critique — 81°. Se liquéfie comme l'oxygène, et il produit un liquide bouillant à — 164° dans l'air. Densité = 0,559.

Propriétés chimiques.

O | Brûle à l'air avec une flamme peu éclairante : $CH^4 + O^4 = CO^2 + 2H^2O$ (mélange détonant).

Cl |
Le chlore peut prendre son hydrogène : $CH^4 + 4Cl = 4HCl + C$.
Il peut aussi se substituer *directement* atome par atome à l'hydrogène de ce gaz et donner : CH^3Cl, CH^2Cl^2, $CHCl^3$, CCl^4 (produits de substitution).
Mais le chlore ne donne jamais de produits d'addition; **c'est un carbure saturé.**

État naturel. Ce gaz se rencontre dans la nature dans un grand nombre de circonstances; de là lui vient son importance. Ainsi, il se dégage du sol dans beaucoup de localités, dans l'Isère, la Sicile, la Chine, sur les bords de la mer Caspienne où l'on trouve le pétrole. — Il se dégage de certaines mines de houille, et en se mélangeant à l'air il forme le *grisou*. Il existe dans les fumerolles de la Toscane, les volcans de boues des Apennins, et même entre les lamelles du sel gemme.

Corps tétravalents.

Benzine (C^6H^6).

Carbone et ses composés.

Préparation. La benzine est un carbure d'hydrogène liquide qu'on peut obtenir par synthèse avec l'acétylène : $3C^2H^2 = C^6H^6$. On le retire industriellement des goudrons de houille. En les distillant et recueillant les produits qui passent au-dessous de 100°, on obtient les *huiles légères* très riches en benzine. Par une nouvelle distillation opérée à une température ne dépassant pas 83°, on obtient de la benzine que l'on purifie par une série de cristallisations à 0°.

Propriétés

physiques. Liquide incolore, d'odeur aromatique, de densité 0,899, bouillant à 80°,4, se solidifiant à 0° en octaèdres à base rhombe. Il dissout l'iode, le phosphore, le soufre, le camphre, les corps gras ; de là un de ses usages pour détacher.

chimiques.

O — Brûle avec une flamme rougeâtre, parce que sa combustion à l'air est toujours incomplète.

Cl — Peut donner des produits d'addition : $C^6H^6Cl^2$, $C^6H^6Cl^4$, $C^6H^6Cl^6$. Peut donner des produits de substitution directs ; comme si la benzine était un carbure saturé. On a en effet : C^6H^5Cl, $C^6H^4Cl^2$, $C^6H^3Cl^3$...... C^6Cl^6.

AzO³H — L'acide azotique fumant la convertit en nitrobenzine $C^6H^5(AzO^2)$. Ce produit, traité par un mélange d'acide acétique et de limaille de fer qui fournit de l'hydrogène, convertit la nitrobenzine en *aniline* C^6H^7Az ; corps analogue à l'ammoniaque, et dont les sels sont des matières colorantes. — C'est là l'usage essentiel de la benzine.

Remarque. — Pour l'analyse eudiométrique d'un carbure gazeux, voir aux problèmes.

Gaz d'éclairage.

Distillation de la houille. L'industrie du gaz d'éclairage, imaginée par Lebon, consiste à distiller en vase clos du bois ou des houilles demi-grasses, contenant outre le charbon, O. H. Az, provenant de matières organiques, et même S, venant de traces de pyrite de fer. Ces divers corps en se combinant entre eux donneront :

De l'*hydrogène*, des *carbures liquides* (goudrons), des *carbures gazeux combustibles*, de l'eau, de l'*oxyde de carbone*, de l'*acide carbonique*, de l'*azote*, de l'*ammoniaque*, de l'*acide sulfhydrique* et par suite des *sels ammoniacaux*.

Épuration

physique. (1) Elle consiste à condenser l'eau, les goudrons et les sels ammoniacaux, en refroidissant les gaz par leur passage à travers le barillet, le jeu d'orgue, et à travers une caisse contenant du coke concassé et arrosé avec de l'eau pour retenir les plus fins globules de goudron.

chimique. (2) Pour retenir les dernières traces de sels ammoniacaux, les gaz passent sur un mélange de sulfate de calcium et d'oxyde de fer, divisé par de la sciure de bois. — L'ammoniaque passe à l'état de sulfate, l'acide carbonique à l'état de carbonate de calcium, et H^2S à l'état de sulfure de fer.

$$SO^4Ca + CO^2(AzH^2)^2 = SO^4(AzH^2)^2 + CO^3Ca ; \qquad 3H^2S + Fe^2O^4 = 3H^2O + 2FeS + S.$$

De là, le gaz est emmagasiné dans les gazomètres.

Corps tétravalents.

Anhydride carbonique (CO^2).

Carbone et ses composés.

Préparations dans

l'industrie.
On l'obtient, soit par la combustion du charbon, soit par la décomposition du calcaire par la chaleur : $CO^3Ca = CaO + CO^2$. — Pour la fabrication de l'eau de seltz, on traite la craie par l'acide sulfurique : $CO^3Ca + SO^4H^2 = SO^4Ca + H^2O + CO^2$.

les laboratoires.
On traite la craie ou le marbre par l'acide chlorhydrique :
$$CO^3Ca + 2HCl = CaCl^2 + H^2O + CO^2.$$

Propriétés

physiques.
Gaz incolore, inodore, saveur acide, assez soluble dans l'eau (1 volume), facilement liquéfiable. Son point critique est à 31°, et à 0° sous une pression de 36 atmosphères, on le convertit en un liquide de densité 0,947, bouillant à — 79°, et se solidifiant par une détente en une sorte de neige qui, mêlée à l'éther, donne un froid de — 82°, et de — 100° dans le vide. Densité du gaz, 1,529.

chimiques.

O — N'est ni avide d'oxygène, ni combustible; éteint les corps en combustion; mais se distingue de l'azote en ce qu'il trouble l'eau de chaux en donnant un carbonate insoluble.

H, C, P,K,Mg — Il est réduit par l'hydrogène, le charbon, le phosphore, le potassium, le magnésium.
Avec les deux premiers, réduction incomplète :
$$CO^2 + H^2 = H^2O + CO; \quad CO^2 + C = 2CO \ (1).$$
Avec les autres, la réduction est complète, et on a un dépôt de charbon :
$$CO^2 + 4K = 2K^2O + C; \quad CO^2 + 2Mg = 2MgO + C.$$

Bases. — L'anhydride carbonique dissous dans l'eau se comporte comme un acide bibasique : CO^2H^2O ou CO^3H^2; il donne en effet avec la potasse les deux sels : CO^3K^2 et CO^3HK.

Composition

en volumes.
Si on fait brûler du charbon pur dans un ballon plein d'oxygène, le volume ne change pas, et l'oxygène est remplacé par de l'anhydride carbonique. — Supposons de plus que cette combinaison soit analogue à celle de l'eau, c'est-à-dire qu'elle obéisse à la loi de Gay-Lussac, nous en déduirons *la densité théorique de la vapeur de charbon*. — Elle sera donnée par :
$$1 \times 1,529 = 1 \times 1,1056 + \frac{1}{2}x; \quad \text{d'où } x = 0,848.$$

en poids. (2)
Le principe de la méthode consiste à faire brûler un poids p de charbon pur par de l'oxygène pur et sec, et à absorber l'anhydride carbonique par de la potasse, dont il sera facile d'évaluer l'augmentation de poids P. — Le poids d'oxygène combiné sera $P - p$.
Si on donne au gaz la formule CO^2, on trouvera que :
$$\frac{p}{P - p} = \frac{12}{32}. \quad \text{Le poids atomique du charbon sera 12.}$$

Cette mesure était indispensable pour établir les formules des composés organiques.

Etat naturel.
Ce gaz se dégage du sol par les volcans, et dans beaucoup de grottes (grotte du Chien, de Royat...). — Il se produit sans cesse dans l'air par suite des combustions, des fermentations, de la respiration. Mais il ne s'accumule pas dans l'air, parce qu'il est détruit par les plantes, ou dissous dans les eaux où il va former des bicarbonates solubles.

Corps tétravalents.

Oxyde de carbone (CO).

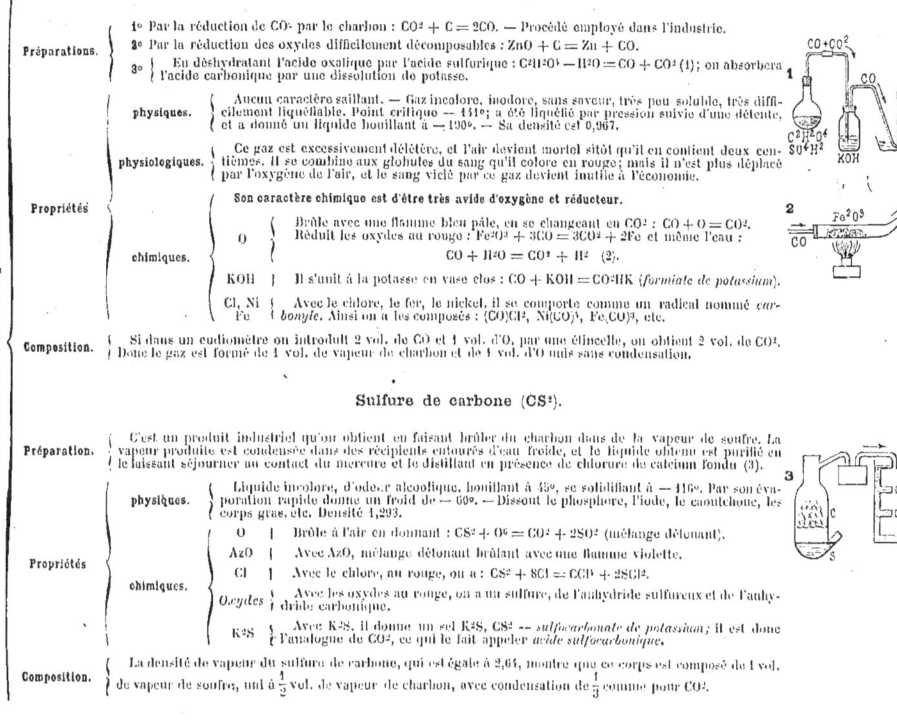

Carbone et ses composés.

Préparations.

1° Par la réduction de CO² par le charbon : $CO^2 + C = 2CO$. — Procédé employé dans l'industrie.

2° Par la réduction des oxydes difficilement décomposables : $ZnO + C = Zn + CO$.

3° En déshydratant l'acide oxalique par l'acide sulfurique : $C^2H^2O^4 - H^2O = CO + CO^2$ (1); on absorbera l'acide carbonique par une dissolution de potasse.

Propriétés

physiques. Aucun caractère saillant. — Gaz incolore, inodore, sans saveur, très peu soluble, très difficilement liquéfiable. Point critique — 141°; a été liquéfié par pression suivie d'une détente, et a donné un liquide bouillant à — 190°. — Sa densité est 0,967.

physiologiques. Ce gaz est excessivement délétère, et l'air devient mortel sitôt qu'il en contient deux centièmes. Il se combine aux globules du sang qu'il colore en rouge; mais il n'est plus déplacé par l'oxygène de l'air, et le sang vicié par ce gaz devient inutile à l'économie.

chimiques. Son caractère chimique est d'être très avide d'oxygène et réducteur.

O — Brûle avec une flamme bleu pâle, en se changeant en CO² : $CO + O = CO^2$. Réduit les oxydes au rouge : $Fe^2O^3 + 3CO = 3CO^2 + 2Fe$ et même l'eau :
$$CO + H^2O = CO^2 + H^2 \quad (2).$$

KOH — Il s'unit à la potasse en vase clos : $CO + KOH = CO^2HK$ (*formiate de potassium*).

Cl, Ni, Fe — Avec le chlore, le fer, le nickel, il se comporte comme un radical nommé *carbonyle*. Ainsi on a les composés : $(CO)Cl^2$, $Ni(CO)^5$, $Fe_2(CO)^9$, etc.

Composition. Si dans un eudiomètre on introduit 2 vol. de CO et 1 vol. d'O, par une étincelle, on obtient 2 vol. de CO². Donc le gaz est formé de 1 vol. de vapeur de charbon et de 1 vol. d'O unis sans condensation.

Sulfure de carbone (CS²).

Préparation. C'est un produit industriel qu'on obtient en faisant brûler du charbon dans de la vapeur de soufre. La vapeur produite est condensée dans des récipients entourés d'eau froide, et le liquide obtenu est purifié en le laissant séjourner au contact du mercure et le distillant en présence de chlorure de calcium fondu (3).

Propriétés

physiques. Liquide incolore, d'odeur alcoolique, bouillant à 45°, se solidifiant à — 116°. Par son évaporation rapide donne un froid de — 60°. — Dissout le phosphore, l'iode, le caoutchouc, les corps gras, etc. Densité 1,293.

chimiques.

O — Brûle à l'air en donnant : $CS^2 + O^6 = CO^2 + 2SO^2$ (mélange détonant).

AzO — Avec AzO, mélange détonant brûlant avec une flamme violette.

Cl — Avec le chlore, au rouge, on a : $CS^2 + 8Cl = CCl^4 + 2SCl^2$.

Oxydes — Avec les oxydes au rouge, on a un sulfure, de l'anhydride sulfureux et de l'anhydride carbonique.

K²S — Avec K²S, il donne un sel K^2S, CS^2 — *sulfocarbonate de potassium;* il est donc l'analogue de CO², ce qui le fait appeler *acide sulfocarbonique.*

Composition. La densité de vapeur du sulfure de carbone, qui est égale à 2,64, montre que ce corps est composé de 1 vol. de vapeur de soufre, uni à $\frac{1}{3}$ vol. de vapeur de charbon, avec condensation de $\frac{1}{3}$ comme pour CO².

Cyanogène (C²Az² ou Cy²).

Le cyanogène, découvert par Gay-Lussac en 1811, a fourni le premier exemple d'un radical jouant le rôle d'un corps simple.

Préparation. — S'obtient en décomposant le cyanure de mercure par la chaleur : $HgCy^2 = Hg + 2Cy$ (1). Théoriquement, la décomposition devrait être complète, mais il se forme une matière noire nommée *paracyanogène* que l'on considère comme du cyanogène condensé : Cy^n.

Propriétés

physiques. — Gaz incolore, odeur d'amandes amères, très soluble dans l'eau (4 vol.), très facilement liquéfiable. Point critique à 124°, et à 15° il suffit d'une pression de 4 atmosphères. Il donne un liquide bouillant à — 20° et se congelant à — 34°. Densité $=$ 1,806.

chimiques. — C'est un composé endothermique; aussi les étincelles le décomposent rapidement, et une amorce de fulminate de mercure le fait détoner. Sa formation correspond à une absorption de 74 calories.

O | Brûle avec une flamme pourpre en donnant : $C^2Az^2 + O^4 = 2CO^2 + Az^2$.

H | Se combine lentement au rouge avec H : $C^2Az^2 + H^2 = 2(CAzH)$.

K, Fe | Se combine directement à quelques métaux en donnant des cyanures.

KOH | Action identique à celle du chlore : $2Cy + 2(KOH) = CyOK + KCy + H^2O$.

H²O | Absorbe peu à peu en dissolution 4 molécules d'eau, en donnant de l'oxalate d'ammonium : $C^2Az^2 + 4H^2O = C^2O^4(AzH^4)^2$.

Composition. — La réaction $C^2Az^2 + 4O = 2CO^2 + Az^2$ qu'on peut faire accomplir dans un eudiomètre montre que C^2Az^2 correspond à deux volumes, formés de 2 vol. de vapeur de charbon et de 2 vol. d'azote, avec condensation anormale de moitié.

Remarque. — Les cyanures sont des produits artificiels, qu'on obtient, en chauffant à haute température avec du carbonate de potassium, des matières organiques azotées.

Acide cyanhydrique (CyH).

Préparation. — On l'obtient en décomposant le cyanure de mercure par l'acide chlorhydrique $HgCy^2 + 2HCl = HgCl^2 + 2HCy$. Les vapeurs sont condensées dans un ballon refroidi (2).

Propriétés

physiques. — Bien pur, il constitue un liquide ayant l'odeur des amandes amères, bouillant à 26°, et se solidifiant à — 14°. Sa densité est 0,7 et celle de sa vapeur 0,916.

physiologiques. — C'est un poison des plus violents. Une goutte absorbée par une muqueuse détermine une mort foudroyante. Le contre-poison est le chlore.

chimiques.

O | Brûle avec une flamme pourpre en donnant : $2CAzH + O^5 = 2CO^2 + H^2O + 2Az$.

Cl | Le détruit instantanément et donne : $CyH + 2Cl = HCl + CyCl$.

K | Les métaux alcalins le décomposent vers le rouge : $2CyH + 2K = 2KCy + H^2$.

KOH | Avec les alcalis, il donne des cyanures.

H²O | En présence des acides énergiques, il prend 2 molécules d'eau :
$$CAzH + 2H^2O = CO^2H(AzH^4),$$
et on a du *formiate d'ammonium*.

Composition. — En le décomposant par le potassium dans une cloche courbe, on trouve qu'il a la même composition que l'acide chlorhydrique; c'est-à-dire que 1 vol. de cyanogène est uni à 1 vol. d'hydrogène sans condensation.

Corps tétravalents.

Silicium et silice (SiO²).

Silicium et Silice.

Silicium. — Le silicium est un métalloïde tétravalent comme le carbone, et pouvant exister à l'état amorphe et à l'état cristallisé. Amorphe, il constitue une poussière brune facilement combustible ; cristallisé, il a la forme d'octaèdres réguliers, et ne s'oxyde que faiblement aux plus hautes températures. Avec l'hydrogène, il donne SiH^4 qui correspond à CH^4, et avec l'oxygène, il donne SiO^2 qui correspond à CO^2.

Silice (SiO²).

État naturel et préparation. — La silice est très abondante dans la nature où elle forme le grès, le sable blanc, la pierre meulière, le silex, l'agate et le quartz. Ce dernier est en beaux cristaux transparents à 6 faces terminés par des pyramides hexagonales. Une autre variété, cristallisée en lamelles hexagonales, porte le nom de *tridymite*. Les geysers d'Islande en entraînent de grandes quantités ; enfin, à l'état de sels, elle forme des pierres précieuses, telles que le grenat, la topaze, l'émeraude, etc. Dans les laboratoires, on peut la préparer en versant de l'acide chlorhydrique dans un silicate alcalin soluble.

1

Propriétés

physiques. — Cristallisée, la silice est très dure, raye le verre, et ne fond qu'au chalumeau (t). — Sa densité est 2,6.

Précipitée, elle est amorphe, gélatineuse, se dissout dans l'eau, dans les acides étendus et dans les bases alcalines. Desséchée dans le vide, elle retient de l'eau et a pour formule $3SiO^2 + 2H^2O$.

chimiques.

F | La silice chauffée brûle dans le fluor en donnant SiF^4.

C et Cl | Elle est attaquée au rouge par un mélange de chlore et de charbon :
$$SiO^2 + 2C + 4Cl = 2CO + SiCl^4.$$

HF | Avec l'acide fluorhydrique on a : $SiO^2 + 4HF = 2H^2O + SiF^4$ (gravure sur verre).

CO^3K^2 | Au rouge elle déplace l'acide carbonique des carbonates alcalins, en donnant un silicate soluble (liqueur des cailloux) : $SiO^2 + CO^3K^2 = SiO^3K^2 + CO^2$.

Usages. — Le quartz sert pour des instruments d'optique nombreux, tandis que les grès sont employés à faire des pierres à aiguiser et des pavés de rues. Les sables servent pour le mortier, la porcelaine et pour la fabrication des verres. Enfin la silice sert à fabriquer le carborundum (carbure de silicium), le ferrosilicium, le bronze de silicium, objets d'industries récentes.

Flamme.

Flamme.

Définition. — La flamme est toujours le résultat d'une matière gazeuse en combustion. Ainsi l'hydrogène, l'oxyde de carbone, le cyanogène... brûlent avec flamme ; le phosphore, le soufre, qui sont volatils, donnent également une flamme ; mais le fer, le charbon, non volatils, brûlent en présence de l'air sans produire de flamme.

Caractères de la flamme. — Les deux caractères d'une flamme sont : 1° son *éclat* ; 2° sa *température*.

Éclat. — L'éclat dépend en général des matières solides qui sont en incandescence au milieu de la flamme. Les lumières d'une bougie, du gaz, du phosphore, etc., sont très brillantes à cause du charbon ou de l'anhydride phosphorique qu'elles contiennent ; mais les lumières de l'hydrogène, de l'oxyde de carbone, du soufre, etc., sont très pâles parce que les produits de la combustion sont gazeux.

Inversement, la flamme de l'hydrogène peut devenir brillante, si on y introduit des matières solides telles que la chaux vive ou un fil de platine, ou encore si on fait barboter au préalable l'hydrogène dans la benzine.

Corps tétravalents.

Flamme.

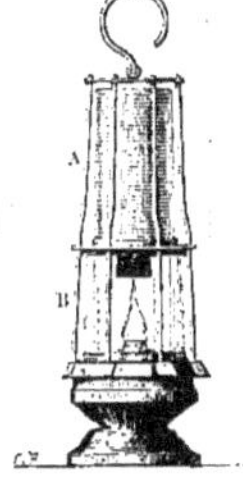

Flamme.

Caractères de la flamme.

Température.

Au contraire, la flamme du gaz peut devenir obscure si on le mêle avec une quantité convenable d'air pour obtenir une combustion complète (bec Bunsen).

On appelle température d'une flamme, celle que prendraient les produits de la combustion si toute la chaleur dégagée était employée à les échauffer. — En employant l'oxygène pur, on peut calculer que l'oxyde de carbone donnerait une température de 7000°; l'hydrogène, 6 800°. Mais, dans ce dernier cas en particulier, l'eau est partiellement dissociée, tout l'oxygène n'entre pas en combinaison et une partie de la chaleur est absorbée par les gaz restés libres, de sorte que la température ne dépasse guère 2000°. Avec l'emploi de l'air, l'azote absorbe une très grande quantité de la chaleur produite; mais si l'air était préalablement chauffé, la température augmenterait notablement (haut fourneau).

Effet des toiles métalliques.

La température d'inflammation d'un mélange gazeux dépend de la nature des gaz et de leurs proportions; de sorte qu'on pourra éteindre une flamme, soit en y insufflant un courant d'air froid qui amène le mélange à une température inférieure à celle de l'inflammation, soit en lui faisant traverser une toile de cuivre qui agit par sa grande conductibilité. *Lampe des mineurs de Davy* (1).

Constitution de la flamme.

La flamme d'une bougie ou celle du gaz comprend trois zones : 1° à l'intérieur, se trouve une zone obscure constituée par des gaz qui ne brûlent pas faute d'air; 2° au centre, se trouve une zone très brillante contenant du charbon incandescent, et 3° à l'extérieur, existe une zone peu visible, peu éclairante, mais très chaude parce que la combustion y est complète. A sa partie inférieure elle présente une teinte bleue due à la combustion d'une petite quantité d'oxyde de carbone (2).

Classification des métalloïdes.

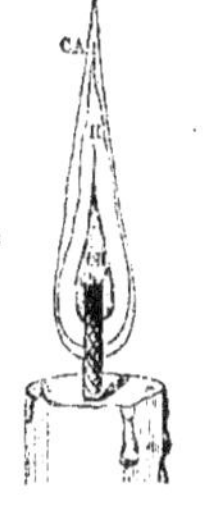

Dans cette étude, les métalloïdes ont été classés en quatre groupes d'après leur valence, les uns monovalents, les autres bivalents, trivalents et tétravalents. Le bore, seul trivalent, présente des caractères particuliers et doit être classé à part. Dumas, en groupant les métalloïdes d'après la façon dont ils se combinent à l'hydrogène, avait établi les mêmes classes; la dernière comprenant le carbone, le bore et le silicium. Ces deux derniers corps, mal connus à cette époque, n'avaient avec le carbone que des analogies douteuses. Depuis on a préparé le silicium à l'état cristallisé et découvert son composé hydrogéné SiH^4. Quant au bore, on ne le connaît pas à l'état pur et cristallisé, et d'autre part son composé oxygéné n'a pas la même formule que la silice ou l'anhydride carbonique.

I. — Propriétés générales des métaux.

Propriétés générales des métaux.

Propriétés physiques.

Définition et distinction entre les métaux et les métalloïdes.

Les métaux sont des corps simples, caractérisés, au point de vue physique, par *leur éclat métallique et leur bonne conductibilité de la chaleur et de l'électricité;* et au point de vue chimique, en ce que leurs combinaisons avec l'oxygène donnent des *oxydes neutres, acides et basiques,* tandis que les métalloïdes ne donnent que des oxydes neutres et des anhydrides. De sorte que *c'est l'oxyde basique qui établit la distinction des métalloïdes et des métaux* au point de vue chimique.

État physique. | Les métaux sont tous solides à la température ordinaire, sauf le mercure qui est liquide.

Odeur. — Généralement inodores; cependant quelques-uns, tels que le plomb, le fer, le cuivre, etc., exhalent une odeur désagréable, surtout lorsqu'on les frotte avec la main.

Couleur. — La plupart des métaux sont d'un blanc plus ou moins gris. Peu sont colorés, cependant le cuivre est rouge, l'or est jaune.

Opacité. — Les métaux sont tous opaques quand ils sont pris en masse, mais si on les réduit en feuilles très minces, la lumière peut les traverser. C'est ainsi qu'une feuille d'or très mince, placée entre l'œil et la lumière, paraît verte, couleur complémentaire du jaune qu'elle produit par réflexion.

Densité. — Sauf les métaux alcalins, sodium et potassium, et quelques autres peu importants, ils sont plus lourds que l'eau. Leur densité varie beaucoup, depuis 22, densité du platine, jusqu'à 0,59, densité du lithium. L'écrouissage les rend plus denses.
Remarque : la densité des métaux augmente dans le même sens que leur poids atomique.

Fusion. — La fusibilité des métaux est très variable. Le mercure fond à — 40°, le sodium et le potassium fondent au-dessous de 100°; quelques-uns, tels que le plomb et l'étain, fondent au-dessous de 500°; le fer, l'argent, le cuivre, etc., à la température de nos fourneaux, c'est-à-dire dépassant 1 000°, et enfin le platine exige une température qu'on évalue à 2 000°.

Ébullition. — Les métaux ont été volatilisés, et on utilise cette propriété pour l'extraction de quelques-uns d'entre eux des minerais qui les renferment. *Exemple :* le mercure, le potassium, le sodium, le zinc, etc. Leur température d'ébullition est aussi très variable; les vapeurs obtenues sont diversement colorées.

Cristallisation. — Les métaux que l'on rencontre dans la nature à l'état natif sont presque tous cristallisés. Par fusion on fait cristalliser le bismuth, l'antimoine, l'étain, etc., et la forme des cristaux est le cube ou un rhomboèdre voisin du cube. En plongeant dans une dissolution d'acétate de plomb une tige de zinc, à laquelle on a attaché des fils de cuivre, on obtient, sur le cuivre, des paillettes de plomb cristallisé (*arbre de Saturne*).

Conductibilité. — Les métaux sont bons conducteurs de la chaleur et de l'électricité; cette conductibilité varie beaucoup suivant les métaux; l'argent et le cuivre sont les deux métaux qui les conduisent le mieux. De là l'usage du cuivre dans les applications usuelles ou industrielles au lieu de l'argent, à cause de son prix élevé. — Emploi des toiles métalliques pour la lampe de Davy.

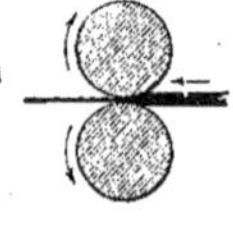

Malléabilité. — C'est la propriété que possède le métal de pouvoir, sans se briser, être réduit en lames minces sous l'action du marteau ou du laminoir (1). L'or, l'argent, l'aluminium et le cuivre sont les métaux les plus malléables.

Ductilité. — Propriété du métal de pouvoir être étiré en fils fins, en le faisant passer à la filière (2). Les métaux les plus malléables sont les plus ductiles.

Ténacité. — C'est la propriété que possèdent les métaux, lorsqu'ils ont été réduits en fils, de supporter sans se rompre des poids plus ou moins considérables. Le nickel, le fer, le cuivre, le platine et l'argent sont les métaux les plus tenaces.

Dureté. — La dureté relative de deux métaux peut être appréciée par la facilité avec laquelle ils rayent certains corps ou sont rayés par eux. Les plus durs sont le chrome et le manganèse qui rayent le verre.

Remarque. — C'est surtout sur les propriétés physiques des métaux que reposent leurs applications dans l'industrie.

Propriétés générales des métaux.

Propriétés chimiques.

Définition. — Les propriétés chimiques des métaux résultent de leurs combinaisons soit entre eux, soit avec les métalloïdes ou leurs composés.

Action de l'oxygène et de l'air secs. — Le potassium est le seul métal qui se combine avec l'oxygène à la température ordinaire; l'or, l'argent, le platine et l'aluminium résistent à l'action de l'oxygène, quelle que soit la température. Tous les autres métaux s'oxydent à une température plus ou moins élevée, et l'oxydation est d'autant plus énergique que le métal est plus divisé. Cette combinaison s'effectue avec dégagement de chaleur et de lumière. *Exemple :* combustion du fer dans l'oxygène. L'air sec agit sur les métaux par son oxygène; son action ne diffère de celle de l'oxygène que par sa moindre intensité.

Action de l'oxygène et de l'air humides. — A la température ordinaire, l'oxygène humide n'exerce d'action que sur le sodium et le potassium, qui décomposent l'eau à froid et se combinent avec son oxygène. Mais si à l'humidité s'ajoute un acide, même très faible, l'oxydation se produit pour tous les métaux, sauf l'or, l'argent et le platine. L'altération n'est souvent que superficielle, mais elle est quelquefois profonde, comme pour le fer qui peut se transformer complètement en rouille. L'acide carbonique de l'air est la cause déterminante de l'oxydation, car il se produit d'abord du carbonate de fer (CO^3Fe) qui, en présence de l'oxygène dissous dans l'eau, se décompose et donne : $2(CO^3Fe) + O = 2CO^2 + Fe^2O^3$.

Préservation de l'oxydation. — On préserve les métaux, particulièrement le fer, de l'oxydation, en le recouvrant de vernis, de peinture, ou bien encore d'une couche de métal moins oxydable : une couche d'étain pour le fer-blanc et de zinc pour le fer galvanisé.

Actions du soufre sec et du soufre humide. — A la température ordinaire, le soufre sec n'agit sur aucun métal; à une température plus ou moins élevée, presque tous se combinent avec dégagement de chaleur ou de lumière. Le zinc, l'or, le platine et l'aluminium ne se combinent pas avec le soufre sec. — Une très faible quantité d'eau suffit pour favoriser l'action du soufre sur les métaux (*Volcan de Lémery*).

Action du chlore. — Soit à la température ordinaire, soit à des températures variables, le chlore sec attaque tous les métaux (sauf l'or et le platine), et la combinaison se fait souvent avec dégagement de chaleur et de lumière. Il peut même y avoir incandescence. *Exemple :* combustion de l'antimoine ou du cuivre en poudre dans un flacon de chlore.

Actions des acides. — Les actions des acides varient avec la nature de l'acide et celle du métal. Elles ont été étudiées en particulier avec chaque acide.

II. — Classification des métaux. — Alliages.

Classification des métaux.

Historique. — Les essais de classifications naturelles des métaux, essais basés sur la valence ou encore sur la valeur régulièrement croissante des poids atomiques (*Mendelejeff*), avaient conduit à les distribuer en groupes, dans lesquels les propriétés chimiques des métaux qui en faisaient partie étaient souvent fort différentes. Aussi admet-on encore la classification artificielle de Thénard, un peu modifiée. Elle est basée sur l'action exercée par l'oxygène et l'eau sur les métaux, et les effets de la chaleur sur leurs oxydes. Elle est au moins très avantageuse au point de vue pratique.

Classification de Thénard modifiée (*Métaux principaux*).

1re famille : MÉTAUX COMMUNS					2e famille : MÉTAUX INTERMÉDIAIRES	3e famille : MÉTAUX PRÉCIEUX	
Ils s'oxydent à une température plus ou moins élevée. Leurs oxydes sont irréductibles, au moins complètement par la chaleur seule.					Ils ne s'oxydent pas sensiblement à l'air; leurs oxydes sont irréductibles par la chaleur et même par le charbon et l'hydrogène seuls.	Leurs oxydes se décomposent facilement par la chaleur et le métal est régénéré.	
1re SECTION	2e SECTION	3e SECTION	4e SECTION	5e SECTION	6e SECTION	7e SECTION	8e SECTION
Ils décomposent l'eau à la température ordinaire.	Ils décomposent l'eau vers 100°.	Ils décomposent l'eau vers le rouge, et à froid en présence des acides énergiques.	Ils décomposent l'eau au-dessus du rouge, mais pas à froid en présence des acides énergiques. Leur tendance à former des oxydes acides fait qu'ils décomposent l'eau en présence des bases énergiques.	Ils ne décomposent l'eau qu'à une température très élevée et encore très faiblement. Ils ne la décomposent ni en présence des bases ni en présence des acides énergiques.		Ils s'oxydent à une température peu élevée; mais une température plus élevée réduit l'oxyde formé.	Ils sont inaltérables à toutes les températures.
Potassium. Sodium. } *Métaux alcalins.* Barium. Strontium. Calcium. } *Métaux alcalino-terreux.*	Magnésium. Manganèse.	Fer. Nickel. Zinc. Cobalt. Chrome.	Étain. Antimoine.	Cuivre. Plomb. Bismuth.	Aluminium.	Mercure.	Or. Argent. Platine.

Alliages.

Définition. On donne le nom d'*alliages* aux composés formés par la combinaison ou le mélange de plusieurs métaux. Lorsque le mercure entre dans leur composition, on a un *amalgame*.

Utilité des alliages. La plupart des métaux ne sont pas employés purs par l'industrie, soit parce qu'ils sont trop mous, soit parce qu'ils sont trop durs, ou cassants, ou oxydables à l'air. Les alliages remédient à ces inconvénients, car ils ont des propriétés différentes de celles des corps qui les constituent.

Préparations des alliages. Le plus souvent les alliages se préparent en fondant ensemble les métaux que l'on veut unir. Si les proportions dans lesquelles se fait l'alliage sont bien déterminées, on obtient une combinaison, capable de cristalliser par refroidissement. Le plus souvent ces combinaisons sont dissoutes dans un excès de l'un des métaux constituants.

Liquation. Lorsqu'on laisse refroidir un alliage, les parties constitutives se séparent par ordre de densité : quelquefois même il se produit ainsi plusieurs alliages distincts superposés, c'est le phénomène de la liquation, mis à profit dans la métallurgie de l'argent et du plomb.

Propriétés physiques. Les alliages sont de vraies combinaisons. En effet, leur formation est souvent accompagnée d'un dégagement de chaleur, comme dans le mercure et le potassium, et par suite leurs propriétés diffèrent notablement de celles des corps constituants. En général, les alliages présentent plus de dureté que les corps qui les forment : ils sont souvent plus fusibles que le métal le moins fusible qui entre dans leur composition. *Exemple :* alliage de Darcet qui fond à 95°, et le corps le moins fusible de l'alliage, l'étain, ne fond qu'à 226°.

Propriétés chimiques. Un alliage est décomposé par la chaleur si l'un des métaux composants est volatil (*principe de la coupellation*). — En général, les alliages sont moins oxydables que les métaux constituants; cependant, si l'un des métaux en se combinant avec l'oxygène donne un acide et l'autre une base, l'oxydation est plus rapide. *Exemple :* alliage de plomb et d'étain.

Principaux alliages usuels.

Alliage	Composition		Alliage	Composition		Alliage	Composition
Monnaies d'or	Or.... 900 Cu.... 100		Vaisselle d'Ag	Ag.... 950 Cu.... 50		Laiton	Cu.... 67 Sn.... 33
Vaisselle d'or	Or.... 916 Cu.... 84		Monnaie (bronze)	Cu.... 95 Sn.... 4 Zn.... 1		Caractères d'imprimerie	Pb.... 80 Sb.... 20
Monnaie d'Ag. (5fr.)	Ag.... 900 Cu.... 100						
Pièces de 2fr, de 1fr, de 0fr,50 et de 0fr,20	Ag.... 835 Cu.... 165		Bronze des cloches	Cu.... 80 Sn.... 20		Mesures d'étain	Pb.... 10 Sn.... 90

Oxydes métalliques.

Définition. — On donne le nom d'*oxydes* à des composés binaires formés par la combinaison d'un métal avec l'oxygène.

État naturel. — Les oxydes métalliques se trouvent en grand nombre dans la nature; ils sont amorphes ou cristallisés, anhydres ou hydratés. Les oxydes cristallisés prennent des noms particuliers. *Exemple :* le bioxyde d'étain, *cassitérite;* l'alumine, qui porte les noms de *corindon, de rubis* ou de *topaze* suivant sa transparence ou sa coloration. Les oxydes de fer, qui sont les plus nombreux, se désignent sous les noms de *magnétite, hématite, fer oligiste,* etc.

Préparations des oxydes.

Les oxydes se préparent par plusieurs procédés; voici les principaux :

1° Oxydation directe du métal. — On chauffe le métal au rouge, et l'action directe de l'oxygène de l'air suffit à oxyder le métal. C'est ainsi que l'on prépare l'oxyde rouge de mercure, les oxydes de cuivre, de zinc, etc.

2° Décomposition d'un sel.

- **1° Par voie sèche.** — On calcine le sel et on obtient l'oxyde correspondant à ce sel. Les carbonates de calcium et de magnésium, les azotates de cuivre et de baryum donnent ainsi les oxydes de ces sels.
- **2° Par voie humide.**
  - **1° L'oxyde est insoluble.** — *C'est le cas le plus général :* on le précipite en versant dans la dissolution du sel une solution de potasse ou d'ammoniaque. *Exemple :* le sesquioxyde de fer peut se préparer en versant de l'ammoniaque sur du perchlorure de fer.
  - **2° L'oxyde est soluble.** — *C'est le cas des métaux alcalins.* Il faut alors se débarrasser de l'acide du sel, ce que l'on fait à l'aide d'un oxyde convenablement choisi. *Exemple :* en versant de l'eau de chaux dans une dissolution de carbonate de soude ou de potasse, on obtient un précipité de carbonate de chaux qui met en liberté la potasse ou la soude. *Remarque.* Les oxydes ainsi préparés sont toujours amorphes.

Propriétés physiques. — Tous solides à la température ordinaire. La plupart sont blancs; quelques-uns sont diversement colorés; inodores; saveur caustique; densité *toujours* supérieure à celle de l'eau; *insolubles* dans l'eau, sauf les oxydes des métaux alcalins, qui sont très solubles, et quelques autres tels que la chaux, la magnésie et la baryte qui le sont un peu.

Propriétés chimiques.

1° Action de la chaleur. — Les oxydes d'or, d'argent, de mercure et de platine sont les seuls qui soient entièrement décomposables par la chaleur. Tous les autres ne sont qu'imparfaitement réduits ou ne le sont pas.

2° Action du courant électrique. — A l'exception des oxydes terreux, tous sont décomposables par la pile. Le métal se porte au pôle négatif.

3° Action de l'oxygène. — Plusieurs oxydes se suroxydent au contact de l'air, soit à la température ordinaire, soit à une température élevée. *Exemples :* les protoxydes de plomb, de potassium, de sodium, de fer, etc.

Actions des corps simples autres que l'oxygène.

1° Corps agissant sur l'oxygène.

- **1° Hydrogène.** — Il réduit la plupart des oxydes chauffés, en donnant de la vapeur d'eau, et le métal est mis en liberté. *Exemple :* le sesquioxyde de fer ainsi réduit produit le fer pyrophorique.
- **2° Carbone.** — *C'est le réducteur par excellence.* Il met le métal en liberté et produit de l'oxyde de carbone ou de l'anhydride carbonique, suivant que l'oxyde est difficilement ou facilement réductible. Le charbon est le réducteur employé en métallurgie.
- **3° Métaux.** — Les métaux qui ont une grande affinité pour l'oxygène réduisent les oxydes des métaux dont l'affinité est moins grande.

2° Corps agissant sur le métal. Chlore, Brome, Iode.

- **1° Oxydes anhydres et chauffés.** — En faisant passer un courant de chlore sur un oxyde porté au rouge, il se produit un chlorure et l'oxygène est mis en liberté. Le brome et l'iode donnent des résultats analogues en produisant des bromures et des iodures.
- **2° Oxydes en dissolution.** — L'action de ces corps est plus complexe et a été étudiée au chapitre du chlore.

3° Corps agissant sur l'oxygène et sur le métal. Soufre. — Le soufre décompose tous les oxydes, sauf l'alumine. Le plus souvent il se produit un sulfure et un sulfate, comme dans le cas de la baryte, traitée par le soufre. On a : $4BaO + 4S = 3BaS + SO^4Ba$.

Remarque : L'alumine, qui résiste à l'action du chlore et à celle du charbon, est décomposée quand on fait passer un courant de chlore sur un mélange d'alumine et de charbon. Le chlore s'empare de l'aluminium et le charbon de l'oxygène : $Al^2O^3 + 3C + Cl^6 = Al^2Cl^6 + 3CO$.

Oxydes métalliques.

Oxydes métalliques. — **Classification des oxydes.**

1° Oxydes basiques.
Ils se combinent avec les acides pour donner des sels cristallisables. *Exemple :* la chaux ou oxyde de calcium se combine avec l'acide sulfurique pour former le sulfate de calcium.

2° Oxydes acides.
Ils se combinent avec les bases pour donner des sels et la combinaison ne se produit pas avec les acides. *Exemple :* l'anhydride stannique (SnO^2) forme avec la potasse (K^2O) du stannate de potassium : SnO^3K^2.

3° Oxydes neutres ou singuliers.
Ils ne se combinent ni avec les acides ni avec les bases. *Exemples :* bioxydes de manganèse, de calcium, etc. Si ces oxydes sont mis en présence d'un acide fort, ils perdent une partie de leur oxygène et se transforment en protoxydes qui se combinent avec l'acide. *Exemple :* bioxyde de manganèse et acide sulfurique : $SO^4H^2 + MnO^2 = SO^4Mn + H^2O + O$.

4° Oxydes indifférents.
Ils jouent le rôle d'acide avec une base puissante comme la soude ou la potasse, et le rôle de base avec un acide énergique, tel que l'acide sulfurique ou l'acide azotique. *Exemple :* l'alumine forme avec l'acide sulfurique du sulfate d'alumine $(SO^4)^3Al^2$, et avec la soude de l'aluminate de soude $Al^2O^3, 3Na^2O$.

5° Oxydes salins.
Ils sont considérés comme le résultat de la combinaison d'un oxyde acide avec un oxyde basique. *Exemple :* l'oxyde magnétique de fer Fe^3O^4 peut être considéré comme résultant de l'action de l'oxyde basique FeO sur l'oxyde acide Fe^2O^3.

IV. — Sulfures et chlorures métalliques.

Sulfures et chlorures métalliques. — **Sulfures métalliques.**

Définition.
On donne le nom de *sulfures* à des composés binaires formés par la combinaison d'un métal avec le soufre.

État naturel.
La plupart des métaux se trouvent dans la nature à l'état de sulfure. On leur a donné des noms spéciaux : bisulfure de fer, *pyrite*; sulfure de zinc, *blende*; sulfure de plomb, *galène*; sulfure de mercure, *cinabre*.

Préparations des sulfures.
Les sulfures se préparent par plusieurs procédés ; voici les principaux :

1° par sulfuration directe. — On chauffe ensemble le soufre et le métal : c'est ainsi que l'on prépare les sulfures de cuivre, de fer et de mercure. Si on chauffe la fleur de soufre avec les oxydes alcalins, on obtient les polysulfures correspondants.

2° par décomposition du sulfate par le charbon. — On chauffe dans un creuset brasqué avec du charbon les sulfates difficilement décomposables. C'est ainsi que l'on prépare les sulfures de baryum, de calcium, de potassium.

3° par voie humide. — On fait agir un courant d'acide sulfhydrique ou un sulfure alcalin sur les sels dissous dans l'eau. On prépare ainsi tous les sulfures insolubles dans l'eau (1). *Ex. :* les sulfures d'or, d'argent, de platine, de plomb, de zinc, etc.

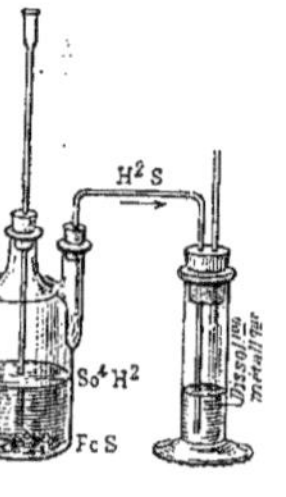

Propriétés physiques.
Tous solides à la température ordinaire et cassants; généralement colorés. *Exemples :* pyrite, jaune d'or; *galène*, gris métallique; *cinabre*, rouge. A l'état naturel presque tous sont cristallisés; la plupart sont opaques et mauvais conducteurs de la chaleur et de l'électricité; généralement fusibles et insolubles dans l'eau, sauf les sulfures alcalins.

Propriétés chimiques.

Action de la chaleur. — Les sulfures des métaux précieux sont les seuls qui soient décomposables par la chaleur; les autres se volatilisent sans se décomposer ou sont ramenés à un degré moindre de sulfuration.

Actions de l'air et de l'oxygène.
Secs. — Tous les sulfures sont décomposés, à une température plus ou moins élevée, par l'action de l'oxygène ou de l'air secs, et produisent tantôt un sulfate, tantôt un oxyde et de l'anhydride sulfureux, tantôt le métal et de l'anhydride sulfureux.

Humides. — L'oxygène humide agit avec plus d'activité que l'oxygène sec sur les sulfures, pour les transformer en sulfates avec dégagement de chaleur.

Actions des corps simples autres que l'O. — L'hydrogène, le charbon, le chlore et les métaux produisent sur les sulfures une action analogue à celle des oxydes.
Ex. : Charbon sur les oxydes : $2MO + C = CO^2 + 2M$.
sur les sulfures : $2MS + C = CS^2 + 2M$.

Classification.
Se divisent en cinq classes comme les oxydes : 1° *sulfures basiques*; 2° *sulfures acides*; 3° *sulfures neutres ou singuliers*; 4° *sulfures indifférents*; 5° *sulfures salins*.

Sulfures et chlorures métalliques.

Chlorures métalliques.

Etat naturel. — Quelques chlorures existent dans la nature. *Exemples :* les chlorures d'argent, de potassium, de sodium, de magnésium, etc.

Préparations.

1° Action directe du Cl. — On fait agir un courant de chlore sur le métal contenu dans une cornue tubulée. C'est ainsi que l'on prépare le sesquichlorure de fer, le chlorure d'aluminium, le bichlorure d'étain, etc.

2° Action de l'HCl sur le métal. — On fait agir l'acide chlorhydrique, soit directement sur le métal, comme dans la préparation des protochlorures d'étain et de fer, soit sur son oxyde comme pour le chlorure de calcium, soit sur son sulfure comme pour le chlorure d'antimoine, soit enfin sur son carbonate comme pour le chlorure de calcium.

3° Action simultanée de Cl et de C. — C'est le procédé employé pour le chlorure d'aluminium : on fait passer un courant de chlore sur un mélange d'alumine et de charbon chauffés au rouge.

Propriétés physiques. — Presque tous solides ; le bichlorure d'étain et le perchlorure d'antimoine sont liquides. Les chlorures solides sont inodores ; les chlorures liquides émettent des vapeurs d'une odeur forte. — Presque tous solubles dans l'eau (le chlorure d'Ag, le sous-chlorure de Cu et le chlorure de Pb font exception).

Propriétés chimiques.

Actions de la chaleur, de la lumière et de l'électricité. — La chaleur décompose facilement les chlorures des métaux précieux. La lumière noircit le chlorure d'argent et le transforme en un corps insoluble dans l'hyposulfite de soude ; de là son usage en photographie. Enfin le courant électrique décompose tous les chlorures : le métal se porte au pôle négatif.

Actions des métalloïdes et des métaux. — Les uns agissent sur le métal. *Ex. :* l'oxygène ; d'autres agissent sur le chlore. *Ex. :* l'hydrogène et les métaux ; d'autres enfin agissent à la fois sur le métal et sur le chlore. *Ex. :* le soufre et le phosphore. Il y a *toujours décomposition dans ces différents cas, si la nouvelle combinaison peut produire plus de chaleur que n'en a exigé la formation du chlorure.*

Classification des chlorures. — Cette classification est analogue à celle qui a été établie pour les oxydes et les sulfures. Un chlorure acide, en s'unissant à un chlorure basique, donne un chloro-sel. Les bromures et les iodures ont des propriétés à peu près identiques à celles des chlorures.

V. — Propriétés générales des sels métalliques. — Lois de Berthollet.

Propriétés générales des sels métalliques.

Définition. — Lavoisier a le premier défini un sel « *le résultat de la combinaison d'un acide avec une base* ». Lorsque les hydracides furent connus, cette définition devint insuffisante ; aujourd'hui on admet *qu'un sel est le résultat de la substitution totale ou partielle de l'hydrogène d'un acide par un métal.*

Classification des sels.

Sels neutres. — La neutralité des sels a été pendant longtemps déduite de son action sur la teinture de tournesol. Aujourd'hui on admet qu'un sel neutre est le résultat de la substitution totale de l'hydrogène d'un acide par un métal.

Sels acides. — Un sel acide est produit par la substitution partielle de l'hydrogène de l'acide par un métal. *Ex. :* l'acide sulfurique (SO^4H^2) donne le sulfate acide de potassium (SO^4HK).

Sels basiques. — Un sel basique est un sel dont la proportion de la base est plus forte que celle que renferme le sel neutre correspondant.

Propriétés physiques.

A la température ordinaire, tous les sels sont solides. La plupart sont blancs ; la coloration de certains d'entre eux résulte de la nature du métal ou de l'eau de cristallisation. *Ex. :* le sulfate de fer est vert ; le sulfate de cuivre est bleu, etc., ils sont inodores, sauf les sels ammoniacaux ; quelques-uns sont vénéneux par leur métal. *Ex. :* les sels de plomb, de cuivre, de mercure ; d'autres le sont par leur acide. *Ex. :* les arséniates.

Action de l'eau. — Tous les sels en général, sauf les sulfures, les carbonates et les phosphates, sont solubles dans l'eau ; leur degré de solubilité est très variable et il augmente avec la température (1). Une eau saturée d'un sel peut dissoudre un autre sel. Quelques dissolutions salines présentent le phénomène de sursaturation ; le contact de particules du sel dissous fait cesser la sursaturation. Presque tous les sels se présentent sous une forme cristalline. La cristallisation peut s'obtenir par évaporation (*chlorure de sodium*) ou en laissant refroidir la dissolution d'un sel plus soluble à chaud qu'à froid (*azotate de potassium*). Certains sels en cristallisant retiennent entre leurs lamelles de petites quantités d'eau (*eau d'interposition*) ; d'autres fois l'eau se combine avec le sel en proportions définies (*eau de cristallisation*). Enfin certains sels peuvent contenir une certaine quantité d'eau, indispensable au sel, sans laquelle il ne pourrait exister (*eau de constitution*). *Ex. :* bicarbonate de sodium (CO^3HNa).

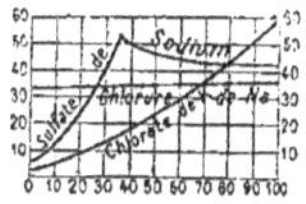

Propriétés générales des sels métalliques. — Lois de Berthollet.

Propriétés chimiques.

Action de la chaleur.

L'action de la chaleur sur les sels dépend de la nature de l'acide et de la base qui les constituent. Si le sel renferme beaucoup d'eau de cristallisation, le sel subit la *fusion aqueuse*. En continuant de chauffer, l'eau s'évapore, il subit la *fusion ignée*. Certains sels décrépitent sous l'action de la chaleur; ce phénomène est dû à l'inégale répartition de la chaleur entre les molécules du sel et à l'eau d'interposition qu'ils renferment. Les sels qui au contact de l'air deviennent liquides sont appelés *déliquescents* (*carbonate de potassium*); ceux qui au contact de l'air sec abandonnent une partie de leur eau et se recouvrent d'une sorte de poussière sont appelés *efflorescents* (*carbonate de soude*).

Action de la lumière.

Les sels d'argent, et quelques autres, sont réduits par l'action de la lumière qui les transforme d'abord en sous-sels, puis en métal. C'est sur cette propriété de la réduction des sels d'argent par la lumière que repose la photographie.

Action du courant électrique.

Tous les sels sont décomposés par l'action du courant électrique. Le métal se porte au pôle négatif et ce qui l'accompagne au pôle positif (1). C'est sur cette décomposition des sels par la pile que reposent la galvanoplastie, la dorure, l'argenture, etc.

Action de l'oxygène et de l'air.

L'oxygène n'a d'effet sur les sels qu'autant que l'acide ou la base peuvent se suroxyder. *Exemple :* les sulfites; le sulfate de protoxyde de fer.

Action des métaux.

Les dissolutions salines peuvent être décomposées par l'action d'un métal, et, d'une façon générale, un métal oxydable remplace un métal moins oxydable. Le métal obtenu par décomposition se porte sur le métal qui a décomposé le sel; il forme avec lui un élément de pile qui complète la décomposition du sel. C'est ainsi que l'on obtient l'*arbre de Saturne* en plongeant une lame de zinc, munie de fils de laiton, dans une dissolution d'acétate de plomb, et l'*arbre de Diane* en versant du mercure dans de l'azotate d'argent.

Lois de Berthollet.

Berthollet, qui a étudié les actions réciproques des acides, des bases et des sels sur les sels, a été amené à énoncer des lois qui portent son nom, mais qui ont dû être modifiées par les progrès de la chimie. Ces différentes lois sont résumées en une seule que l'on peut exprimer ainsi : *Lorsqu'on fait agir dans une dissolution d'un sel un acide, une base ou un autre sel en dissolution, si, par l'échange des acides et des bases, il peut se produire un composé plus volatil ou moins soluble que les corps mis en présence, la décomposition se produira toujours et l'échange aura lieu.* Cette loi peut être figurée ainsi :

$$\frac{A}{B} + \frac{A'}{B'} = \frac{A}{B'} + \frac{A'}{B} \quad \left\{ \text{Si l'un des deux nouveaux sels} \right\} \quad \frac{A}{B'} \text{ ou } \frac{A'}{B} \quad \left\{ \text{est moins soluble ou plus volatil, la réaction a lieu.} \right\}$$

1° Actions des acides.

1° L'acide qui agit est moins volatil que celui du sel :
$$CO^3Ca + 2HCl = CaCl^2 + H^2O + CO^2. \quad \text{(volatil)}$$

2° L'acide du sel est moins soluble que l'acide qui agit :
$$SiO^3K^2 + 2HCl = SiO^3H^2 + 2KCl. \quad \text{(insoluble)}$$

3° L'acide que l'on fait agir peut former avec la base du sel un composé insoluble.
$$(AzO^3)^2Ba + SO^4H^2 = SO^4Ba + 2AzO^3H. \quad \text{(insoluble)}$$

2° Actions des bases.

1° La base qui agit est moins volatile que celle du sel :
$$AzH^4Cl + KOH = KCl + H^2O + AzH^3. \quad \text{(volatil)}$$

2° La base du sel est moins soluble que la base qui agit :
$$AzO^3Ag + KOH = AgOH + AzO^3K. \quad \text{(insoluble)}$$

3° La base que l'on fait agir peut former avec l'acide du sel un composé insoluble :
$$SO^4Na^2 + BaO^2H^2 = SO^4Ba + 2NaOH. \quad \text{(insoluble)}$$

3° Actions des sels.

1° Le sel qui agit peut donner un nouveau sel plus volatil que les deux sels en présence :
$$CO^3Na^2 + SO^4(AzH^4)^2 = CO^3(AzH^4)^2 + SO^4Na^2. \quad \text{(volatil)}$$

2° Le sel qui agit peut donner par l'échange des métaux un sel insoluble :
$$SO^4Na^2 + (AzO^3)^2Ba = SO^4Ba + 2AzO^3Na. \quad \text{(insoluble)}$$

Remarque.

Les Lois de Berthollet, ainsi établies, sont en défaut dans certaines réactions. M. Berthelot les a étendues, généralisées et simplifiées, en étudiant les chaleurs dégagées dans les réactions chimiques et en formulant les lois de la thermochimie, généralisées par le *principe du travail maximum* qu'il a énoncé ainsi : « *Tout changement chimique accompli sans l'intervention d'une énergie étrangère (chaleur, électricité, lumière) tend vers la production du corps ou du système de corps qui dégage le plus de chaleur.* »

VI. — Carbonates, sulfates, azotates.

Carbonates, sulfates, azotates.

CARBONATES

Définition et divisions.

On donne le nom de *carbonates* à des sels qui résultent de la substitution totale ou partielle des métaux à l'hydrogène de l'acide carbonique. On les divise en deux groupes :
1° Les *carbonates neutres* qui ont pour formule CO^3M^2 ou CO^3M si le métal est bivalent; 2° les *carbonates acides* ou *bicarbonates* dont la formule est CO^3MH; 3° enfin les *carbonates basiques* ou *hydrocarbonates*. Les carbonates neutres sont les plus nombreux.

État naturel.

Les carbonates sont très abondants dans la nature, soit à l'état solide, tels que le carbonate de calcium, qui forme une grande partie de l'écorce terrestre, les carbonates de zinc, de cuivre, de manganèse, dont on extrait les métaux; soit à l'état de dissolution, tels que les carbonates alcalins que l'on trouve dans certaines eaux minérales (*Vichy*).

Préparation.

Les carbonates insolubles se préparent par double décomposition, d'après les lois de Berthollet. *Exemple* : $(AzO^3)^2Ba + CO^3Na^2 = CO^3Ba + 2(AzO^3Na)$.
insoluble

Propriétés physiques.

Les carbonates sont des corps solides, inodores, sauf le carbonate d'ammoniaque, insolubles dans l'eau, sauf les carbonates alcalins et les bicarbonates alcalino-terreux.

Actions de la chaleur et de la vapeur d'eau.

À l'exception des carbonates alcalins et du carbonate de baryte, tous les carbonates sont décomposés par la chaleur : l'anhydride carbonique se dégage et l'oxyde reste. L'action de la vapeur d'eau accélère cette décomposition. *Exemple* : $CO^3K^2 + H^2O = CO^2 + 2KOH$ (1).

1

Vapeur d'eau — CO^2K^2 — CO^2

À froid, les métalloïdes n'ont pas d'action sur les carbonates; à chaud, cette action dépend à la fois de la nature de l'oxyde du carbonate et du métalloïde qui agit.

Propriétés chimiques.

Actions des métalloïdes.

Action de l'oxygène.

N'a d'action sur eux que lorsque l'oxyde est suroxydable. *Exemple* : $2CO^3Fe + O = 2CO^2 + Fe^2O^3$.

Action de l'hydrogène.

Pour les carbonates alcalins, l'anhydride carbonique est réduit, et il se dégage de l'oxyde de carbone : pour les carbonates métalliques, la réduction s'opère à la fois sur l'acide et sur la base, et le métal est mis en liberté.

Action du charbon.

Le charbon décompose tous les carbonates. Il se dégage de l'oxyde de carbone et de l'anhydride carbonique suivant que la base est facilement réductible ou non.

$$\text{Exemples :}\quad \begin{cases} CO^3K^2 + 2C = 3CO + 2K. \\ 2(CO^3Ag^2) + C = 4Ag + 3CO^2. \end{cases}$$

Actions des acides.

Elle caractérise nettement les carbonates qui sont décomposés avec effervescence et dégagement d'anhydride carbonique. La préparation de l'anhydride carbonique repose sur cette propriété.

Remarque.

Les carbonates se distinguent des bicarbonates en ce que les carbonates précipitent les sels de magnésie, et les bicarbonates ne forment pas de précipité.

SULFATES

Définition et divisions.

On donne le nom de *sulfates* à des sels qui résultent de la substitution totale ou partielle des métaux à l'hydrogène de l'acide sulfurique. On les divise en deux groupes : 1° les *sulfates acides*. Ex. : $SO^4HK = SO^2\begin{cases} OH \\ OK \end{cases}$ (*sulfate monopotassique*); 2° les *sulfates neutres*. Ex. : $SO^4K^2 = SO^2\begin{cases} OK \\ OK \end{cases}$ (*sulfate neutre de potassium*).

État naturel.

Plusieurs sulfates existent dans la nature; le plus répandu est le sulfate de calcium ou pierre à plâtre. On trouve encore les sulfates de magnésium, de baryum, etc.

Préparations.

1° Action directe de l'acide sulfurique.

1° Sur le métal.
1° *À froid. Ex.* : préparation de l'hydrogène :
$$Zn + SO^4H^2 = SO^4Zn + H^2.$$
2° *À chaud. Ex.* : préparation de l'anhydride sulfureux :
$$Hg + 2SO^4H^2 = SO^2 + 2H^2O + SO^4Hg.$$

2° *Sur un oxyde. Exemple* : $\quad CaO + SO^4H^2 = SO^4Ca + H^2O.$

3° *Sur un chlorure. Exemple* : $\quad 2NaCl + SO^4H^2 = 2HCl + SO^4Na^2.$

4° *Sur un carbonate. Exemple* : $CO^3Ca + SO^4H^2 = H^2O + CO^2 + SO^4Ca.$

2° *Par le grillage des sulfures naturels* : sulfures de fer, de cuivre : $FeS^2 + O^6 = SO^4Fe + SO^2$.

3° *Par double décomposition*, d'après la loi de Berthollet pour les sulfates insolubles tels que ceux de plomb et de baryum.

Carbonates, sulfates, azotates.

SULFATES

Propriétés physiques. — Tous les sulfates sont solides, inodores, solubles dans l'eau, à l'exception de ceux de baryte et de plomb.

Propriétés chimiques.

Action de la chaleur. — Tous les sulfates, sauf les sulfates alcalins et le sulfate de plomb, sont décomposés par la chaleur; le plus souvent, le résultat de cette décomposition est l'oxyde, l'anhydride sulfureux et l'oxygène. *Exemple :* $SO^4Zu = ZnO + SO^2 + O$. Quelquefois aussi on a l'oxyde et l'anhydride sulfurique. *Exemple :* $SO^4Cu = CuO + SO^3$.

Action du charbon. — A une température plus ou moins élevée, le charbon réduit tous les sulfates; il se produit un sulfure avec les sulfates alcalins. *Ex. :* $SO^4K^2 + 4C = K^2S + 4CO$. Avec les autres sulfates, il peut y avoir production de l'oxyde ou du métal. *Exemples :*
1° $2(SO^4Zu) + C = 2ZnO + 2SO^2 + CO^2$.
2° $SO^4Cu + C = Cu + SO^2 + CO^2$.

Action des acides et des bases. — Les acides et les bases agissent sur les sulfates d'après les lois de Berthollet.

Caractère distinctif des sulfates. — Une dissolution de sulfate produit dans une dissolution d'azotate de baryte un précipité blanc de sulfate de baryte, insoluble dans l'acide azotique.

AZOTATES

Définition. — On donne le nom d'*azotates* à des sels qui résultent de la substitution totale ou partielle de métaux à l'hydrogène de l'acide azotique.

Etat naturel. — On trouve quelques azotates dans la nature. *Exemples :* les azotates de potassium et de sodium qui se forment quelquefois dans les pays chauds à la surface du sol; l'azotate de sodium se rencontre seul, en couches très épaisses, au Pérou.

Préparations. — Presque tous les azotates se préparent en faisant agir l'acide azotique, soit :
Sur un métal : $3Ag + 4AzO^3H = 2H^2O + AzO + 3AzO^3Ag$.
Sur un oxyde : $2(AzO^3H) = CuO + (AzO^3)^2Ca + H^2O$.
Sur un sulfure : $2(AzO^3H) + BaS = (AzO^{3,2})Ba + H^2S$.
Sur un carbonate : $2(AzO^3H) + CO^3Ca = (AzO^3)^2Ca + H^2O + CO^2$.

Propriétés physiques. — Tous les azotates sont solides, inodores et solubles dans l'eau.

Propriétés chimiques.

Le caractère chimique dominant des azotates *est la facilité avec laquelle ils cèdent leur oxygène : ils sont donc tous*, et principalement les azotates alcalins, *des oxydants très énergiques.* Ils résultent de l'action de l'acide azotique sur un métal.

Action de la chaleur. — Tous les azotates sont décomposables par la chaleur. Les azotates alcalins se décomposent d'abord en azotites et en oxygène, puis, à une température plus élevée, l'azotite se décompose en un oxyde qui reste dans la cornue et en oxygène et azote qui se dégagent. Les autres azotates donnent immédiatement un oxyde métallique et laissent se dégager un mélange d'oxygène et de peroxyde d'azote.

Actions des métalloïdes.

1° *Le soufre.* — En présence d'un excès d'azotate alcalin, le soufre forme un sulfate, de l'anhydride sulfureux et de l'azote :
$$2AzO^3K + 2S = SO^3K^2 + SO^2 + 2Az.$$

2° *Le charbon.* — Le charbon réduit les azotates en produisant un carbonate, de l'anhydride carbonique et de l'azote :
$$4AzO^3K + 5C = 2CO^3K^2 + 3CO^2 + 4Az.$$

3° *Soufre et charbon.* — Le soufre et le charbon mélangés décomposent les azotates avec explosion (poudre) en produisant un sulfure, de l'anhydride carbonique et de l'azote :
$$2AzO^3K + S + 3C = K^2S + 3CO^2 + 2Az.$$

Actions des acides et des bases. — Les acides et les bases agissent sur les azotates d'après les lois de Berthollet.

Caractère distinctif des azotates. — Les azotates projetés sur des charbons ardents fusent. Ce phénomène est le résultat du dégagement de l'oxygène de l'azotate qui, en se combinant avec le carbone, rend sa combustion plus vive. — Si on chauffe dans un tube un azotate, de l'acide sulfurique et de la tournure de cuivre, il se produit de l'acide azotique, qui est réduit par le cuivre, et on voit apparaître des vapeurs rutilantes de peroxyde d'azote.

Potassium. — Oxydes de potassium.

Potassium (K).

Historique et préparations.

Davy isola le premier le potassium de ses combinaisons en 1807, en soumettant l'hydrate de potassium à l'action d'une forte pile. Le potassium se portait au pôle négatif et s'amalgamait avec du mercure qu'on y avait placé (1). Le potassium se retirait du mercure par distillation. Ce procédé ne donnait que de faibles quantités de potassium. Gay-Lussac et Thénard obtinrent de meilleurs résultats en décomposant l'hydrate de potassium par le fer chauffé au rouge, et aujourd'hui on l'obtient en grand dans l'industrie à l'aide du procédé de Brünner qui consiste à décomposer le carbonate de potassium par le charbon : $CO^3K^2 + C^2 = 3CO + K^2$. On ajoute au mélange du carbonate de calcium pour empêcher le carbonate de potassium de fondre et de se séparer ainsi du charbon qui le réduit. L'opération se fait dans un cylindre en fer forgé muni à l'une de ses extrémités du récipient condensateur de Donny et Mareska (2). On ouvre ce récipient sous l'huile de naphte.

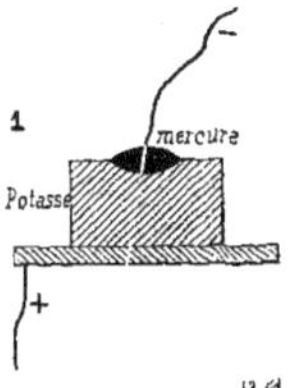

Propriétés physiques.

Solide à la température ordinaire; plus mou et plus malléable que la cire; éclat argentin; s'altère facilement à l'air humide; fond à 62°,5; bout à 700° en émettant des vapeurs vertes. Sa densité est de 0,87.

Propriétés chimiques.

C'est un des corps les plus avides d'oxygène. — Le seul métal susceptible de s'oxyder à froid dans l'air même sec; se conserve dans l'huile de naphte. A la température ordinaire, il décompose l'eau, et s'empare de son oxygène pour former de la potasse : $2K + 2H^2O = 2(KOH) + H^2$. La chaleur dégagée pendant cette combinaison enflamme l'hydrogène. Il a une affinité très grande pour la plupart des métalloïdes, et particulièrement pour le chlore dans lequel il s'enflamme.

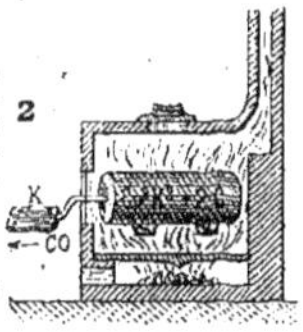

Usages.

Le potassium peut être employé pour retirer le bore et le silicium de leurs oxydes, et l'aluminium ou le magnésium de leurs chlorures; mais on lui préfère le sodium qui coûte moins cher.

Oxydes de potassium.

On connaît deux oxydes de potassium : 1° le *protoxyde anhydre de potassium* (K^2O); son hydrate $K^2O + H^2O = 2(KOH)$ est la potasse caustique des laboratoires; 2° le *peroxyde de potassium* K^2O^3 ou K^2O^4.

Potasse (KOH).

Préparation de la potasse (KOH).

En décomposant par la chaux le carbonate de potassium en dissolution : $CO^3K^2 + Ca(OH)^2 = 2KOH + CO^3Ca$. Le carbonate de calcium s'étant déposé (insoluble), on décante le liquide et on fait évaporer. Après dessiccation, la potasse est fondue et coulée sur une plaque de cuivre. On concasse après refroidissement et on enferme dans des flacons soigneusement bouchés. La potasse ainsi obtenue est dite *à la chaux*. Elle contient des impuretés que l'on peut enlever en la mettant en contact avec de l'alcool. Après évaporation, on a la potasse *à l'alcool*.

Propriétés.

C'est un corps solide, de couleur blanche, de saveur brûlante; il est déliquescent et très avide d'eau. Sa densité est de 2,044; il se dissout dans l'eau; il saponifie les corps gras et attaque vivement la peau et les tissus.

Usages.

Dans les laboratoires, la dissolution de potasse est employée comme réactif; elle est aussi utilisée pour la préparation de certains oxydes; en médecine, elle sert pour cautériser les chairs, d'où son nom de *pierre à cautère*.

Etat naturel.

La potasse est très répandue dans la nature à l'état de combinaison avec la plupart des roches granitiques; le sol arable en renferme aussi de grandes quantités.

Chlorure et hypochlorite de potassium.

Chlorure de potassium (KCl).

État naturel et préparations. — Se trouve quelquefois à l'état pur dans le voisinage des volcans sous le nom de *sylvine*; dans les mines de Stassfurt (*Prusse*), près des couches de sel gemme, à l'état de chlorure double de potassium et de magnésium sous le nom de *carnallite*. C'est surtout de ces mines qu'on l'extrait, par dissolution à chaud de la *carnallite* et par cristallisation de la partie décantée. Il suffit ensuite de lavages pour débarrasser le chlorure de potassium du chlorure de magnésium entraîné. Le chlorure de potassium se trouve aussi en abondance dans les eaux provenant du raffinage du salpêtre; dans les eaux mères des marais salants et dans les cendres de varechs. Enfin il peut s'obtenir artificiellement, en saturant à froid le carbonate de potassium par l'acide chlorhydrique : $CO^3K^2 + 2HCl = CO^2 + H^2O + 2KCl$.

Propriétés. — Le chlorure de potassium est un corps solide, blanc, cristallisant en cubes toujours anhydres; d'une saveur amère et salée; très soluble dans l'eau, en amenant un abaissement de température assez considérable.

Usages. — Est employé comme engrais; sert à la transformation, par double décomposition, de certains sels de soude en sels de potasse; il est utilisé aussi dans la fabrication de l'alun.

Hypochlorite de potassium (ClOK).

Préparation. — L'hypochlorite de potassium se prépare en faisant passer un courant de chlore dans une dissolution étendue de potasse : $2Cl + 2KOH = ClOK + KCl + H^2O$. *Le mélange de chlorure de potassium et d'hypochlorite de potassium est connu sous le nom d'eau de Javel.*

Propriétés. — N'est connu qu'à l'état de dissolution; odeur de chlore; peu stable; détruit les substances organiques et surtout les matières colorantes.

Usages. — L'industrie utilise l'eau de Javel comme décolorant et comme désinfectant.

VIII. — Carbonate, sulfate et azotate de potassium.

Carbonate de potassium.

Carbonate de potassium (CO^3K^2.)

Préparations. — S'obtient à l'état de pureté en soumettant à la calcination les sels de potassium à acide organique, tels que les acétates, les oxalates et les tartrates. Dans l'industrie, on emploie sous le nom de potasse du commerce, le carbonate de potassium impur. Celui-ci se prépare par la calcination des végétaux qui croissent loin de la mer. Les cendres recueillies sont traitées par l'eau; elles lui abandonnent le carbonate et d'autres sels solubles. La solution, évaporée à siccité, donne le *salin*. Par la calcination à l'air, on se débarrasse des résidus organiques que renferme le salin et on a ainsi la *potasse perlasse*. Ces produits sont souvent désignés d'après leurs origines : *potasse de Russie, d'Amérique, des Vosges*, etc. — On retire aussi le carbonate de potassium des vinasses des betteraves par évaporation, calcination et raffinage : ce carbonate est désigné sous le nom de *potasse de betterave*. — On peut aussi l'obtenir par évaporation des eaux de lavage de la laine du mouton, imprégnée de *suint*. Enfin, elle peut s'obtenir artificiellement à l'aide du chlorure ou du sulfate de potassium, d'après un procédé analogue à celui qui sert à la préparation du carbonate de sodium, sous le nom de procédé Leblanc.

Propriétés. — Le carbonate de potassium est un corps solide, blanc, d'une saveur âcre; déliquescent, soluble dans l'eau, insoluble dans l'alcool; indécomposable par la chaleur, mais décomposable par le charbon à une haute température : $CO^3K^2 + C^2 = K^2 + 3CO$.

Usages. — Le carbonate de potassium est surtout employé pour la préparation de l'eau de Javel, de la potasse; pour la fabrication des verres de Bohème, des savons mous, etc.

Sulfate et azotate de potassium.

Sulfate de potassium (SO⁴K²).

Il existe deux sulfates de potassium : 1° *le sulfate neutre* (SO^4K^2) et *le sulfate acide* (SO^4HK). Le premier seul est important.

Préparation. — Il se trouve dans la nature aux environs des volcans; on l'extrait aussi des cendres de varechs et des salins de betteraves.

Propriétés. — Sel anhydre; cristallise en prismes droits hexagonaux; soluble dans l'eau; insoluble dans l'alcool; indécomposable par la chaleur.

Usages. — Le sulfate de potassium est employé pour la fabrication de l'alun; la médecine l'utilise aussi quelquefois comme purgatif.

Azotate de potassium (AzO³K).

État naturel. — L'azotate de potassium porte encore le nom de *nitre* ou *salpêtre*. Dans certains pays chauds, notamment en Égypte et dans l'Inde, on le trouve à la surface du sol où il vient s'*effleurir*. Dans les régions tempérées, il cristallise quelquefois à la surface des murs de vieilles habitations, d'écuries et de caves. Cette nitrification est due à l'influence d'un ferment organisé qui oxyde l'azote de l'ammoniaque et des matières organiques. Elle est due aussi à l'oxydation directe de l'azote de l'air, sous l'action de l'électricité atmosphérique, produite en quantité pendant les orages très fréquents dans les pays chauds.

Préparations.

1° Par l'azotate de sodium. — On transforme l'azotate de sodium en azotate de potassium, en faisant agir l'azotate de sodium sur le chlorure de potassium : $AzO^3Na + KCl = AzO^3K + NaCl$. Les deux sels sont dissous à l'eau bouillante et se séparent par refroidissement.

2° Par le lavage des vieux plâtras. — Les vieux plâtras contenant de l'azotate de potassium sont soumis à un lavage méthodique qui consiste à faire passer les mêmes eaux dans des récipients contenant ces plâtras. Comme la dissolution contient aussi de l'azotate de magnésium et de l'azotate de calcium, on se débarrasse du premier en traitant le liquide par la chaux qui donne un précipité de magnésie : $(AzO^3)^2Mg + Ca(OH)^2 = (AzO^3)^2Ca + Mg(OH)^2$, et enfin en traitant l'azotate de calcium par le sulfate de potassium, on obtient de l'azotate de potassium :

$$(AzO^3)^2Ca + SO^4K^2 = 2AzO^3K + SO^4Ca.$$

Le liquide ainsi obtenu est évaporé dans un bassin au milieu duquel on a placé un chaudron percé de trous pour y recueillir les boues soulevées par l'ébullition.

Le salpêtre ainsi obtenu doit toujours être raffiné. Cette opération a pour but de le débarrasser des chlorures déliquescents qu'il renferme et qui rendraient impossible la fabrication de la poudre. Pour cela, on le traite à l'ébullition par une petite quantité d'eau; on fait cristalliser de nouveau et on arrose les cristaux, placés sur des caisses à double fond, avec de l'eau saturée à froid d'azotate de potassium pur.

Propriétés. — L'AzO^3K est un sel solide, incolore, inodore, cristallisé en longues aiguilles; toujours anhydre, d'une saveur fraîche et piquante; de densité égale à 1.933; peu stable, *cédant facilement son oxygène;* soluble dans l'eau; peu soluble dans l'alcool; se décomposant par l'action de la chaleur et de l'acide sulfurique : $AzO^3K + SO^4H^2 = AzO^4H + SO^4HK$.

Usages.

Fabrication de la poudre. — La poudre est un mélange intime de AzO^3K, de S et de C; sa composition est variable suivant les usages auxquels on la destine. Sa fabrication comprend plusieurs opérations : 1° *trituration des matières premières employées* dans un mortier en bois; 2° *le grenage*, qui rend les grains de grosseur régulière; 3° *le lissage*, qui donne à la surface des grains du poli et du brillant; 4° *le séchage*. La poudre prend feu à la température de 300°, mais une élévation subite de température de 100° ou un choc peuvent l'enflammer. La meilleure poudre est celle qui s'enflamme rapidement, mais successivement. La réaction qui se produit pendant la combustion est exprimée par la formule : $2AzO^3K + S + 3C = 3CO^2 + Az^2 + K^2S$.

Sodium. — Oxydes.

Sodium (Na).

État naturel. — Le sodium n'existe pas à l'état libre dans la nature; mais à l'état de combinaison, il est très répandu, surtout sous forme de chlorure.

Préparations. — Le sodium a été isolé pour la première fois (1807) par Davy, en décomposant la soude par la pile. On l'obtient aujourd'hui en réduisant le carbonate de sodium par le charbon : $CO^3Na^2 + 2C = 3CO + Na^2$. Il est indispensable d'ajouter au mélange une certaine quantité de craie qui empêche la fusion du carbonate de sodium et maintient ainsi, en mélange intime, le carbonate de sodium et le charbon. Les cornues dont on se sert sont analogues à celles qui sont employées pour la préparation du potassium (1). Les vapeurs de sodium viennent se condenser dans le récipient de Donny et Mareska, qui est ici disposé verticalement (2) : le sodium s'écoule dans l'huile de naphte où il se solidifie.

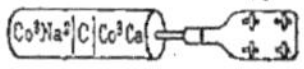

Préparations nouvelles.

1° On peut réduire la soude NaOH par le charbon, ou mieux encore par un carbure de fer : $3(NaOH) + C = CO^3Na^2 + 3H + Na$. L'opération a lieu à une température plus basse que celle qui est nécessaire pour le carbonate de sodium, et de plus l'hydrogène ne réagit pas sur le sodium qui se dégage en vapeurs.

2° On électrolyse un bain de soude, maintenu à 313°, par un courant de 1 000 ampères sous 4 ou 5 volts. Le sodium dégagé surnage, ce qui dispense de le soumettre à une distillation (*procédé Castner*). Un gaz inerte empêche son oxydation.

Propriétés. — Corps solide, mou comme la cire, très avide d'oxygène, d'un blanc d'argent qui se ternit vite au contact de l'air; d'une densité égale à 0,978. Il décompose l'eau à la température ordinaire, mais sans inflammation de l'hydrogène, la chaleur dégagée étant moindre que celle que produit le potassium; toutefois avec une goutte d'eau, ou bien en empêchant le sodium de tournoyer à la surface de l'eau, l'inflammation se produit; la flamme est jaune et caractéristique des vapeurs de sodium.

Usages. — *C'est un réducteur énergique*, utilisé dans les préparations du bore, du silicium et surtout du magnésium. Dans les laboratoires il est préféré au potassium à cause de son maniement plus facile et de son prix de revient moins élevé.

Oxydes de sodium.

Le sodium forme avec l'oxygène deux composés : 1° *le peroxyde* (Na^2O^2) et 2° *le protoxyde* (Na^2O) qui, avec l'eau, donne l'hydrate de sodium, désigné sous le nom de *soude caustique*.

Soude (NaOH).

Préparations.

1° Par décomposition du carbonate de sodium, en dissolution dans l'eau, par la chaux : $CO^3Na^2 + Ca(OH)^2 = 2NaOH + CO^3Ca$. La liqueur obtenue et décantée donne une soude impure, dite *à la chaux*, que l'on purifie en la traitant par l'alcool : on a alors la *soude pure à l'alcool*.

2° La soude caustique à peu près pure s'obtient aujourd'hui par l'électrolyse d'une solution concentrée de chlorure de sodium. Le chlore qui se dégage au pôle positif est employé à la préparation du chlorure de chaux et l'anode est en ferro-silicium. Un diaphragme en treillis de cuivre, recouvert d'amiante, isole la soude formée autour de la cathode.

Propriétés. — Corps solide et blanc, dur, cassant, soluble dans l'eau, de densité égale à 2; déliquescent: fond au rouge sombre et se volatilise à une température plus élevée; il est très caustique.

Usages. — Employée pour la fabrication des savons; dans les laboratoires comme réactif; elle sert aussi à épurer les pétroles.

Peroxyde de sodium (Na^2O^2).

Le composé Na^2O^2 est préparé en faisant passer un courant d'air sec ou d'oxygène sur le métal chauffé. Il est de couleur jaunâtre, et, en présence de l'eau ou d'un acide, il produit de l'eau oxygénée :

$$Na^2O^2 + 2(H^2O) = 2(NaOH) + H^2O^2; \quad Na^2O^2 + 2HCl = 2NaCl + H^2O^2.$$

Chlorure de sodium.

Chlorure de sodium (NaCl).

État naturel. — Le chlorure de sodium est très abondant dans la nature : 1° *à l'état solide (sel gemme)*, dans l'intérieur de la terre; 2° *à l'état de dissolution (sel marin)*, dans l'eau de la mer et des sources salées.

Extraction du chlorure de sodium.

1° Sel gemme.

1° Lorsque le sel est pur, comme à Vieliczka (*Pologne*) et à Cardona (*Espagne*), et qu'il est extrait en gros blocs, on le pulvérise et on le livre à la consommation.

2° Lorsque le sel est mélangé à des substances terreuses, comme à Dieuze, à Salins (*France*), on perce dans la roche salée des trous de sonde que l'on remplit d'eau; celle-ci se sature, on la remonte à l'aide de pompes, et par évaporation on obtient le sel.

2° Sel marin.

L'eau de la mer renferme environ 25^{gr} de sel par litre. C'est par évaporation de cette eau, amenée dans de grands bassins peu profonds (*salins ou marais salants*), qu'on extrait la plus grande partie du sel employé dans l'alimentation. L'eau salée est amenée d'abord, soit naturellement par les marées, soit à l'aide de machines, dans un grand réservoir où elle se clarifie; puis elle passe dans une *première série* de bassins où elle se débarrasse de l'oxyde de fer et du carbonate de calcium qu'elle renferme; dans la *deuxième série* de bassins elle dépose le sulfate de calcium. Quand l'eau marque 24° (Baumé), c'est le sel marin qui se dépose jusqu'à 30°; elle est alors amenée dans une *troisième série* de petits bassins (*tables salantes*) sous une couche de 5 à 6^{cm} d'épaisseur. Le dépôt de sel est d'autant plus rapide que l'évaporation est plus active; ce sel retiré des bassins est placé sur leurs bords, où il s'égoutte, et le chlorure de magnésium qu'il renferme, très déliquescent, s'infiltre dans le sol. Enfin, l'eau qui reste dans ces derniers bassins contient encore des sels nombreux d'où on extrait du sulfate de sodium, du chlorure de potassium et aussi du brome provenant du bromure de magnésium qui reste dans les dernières eaux mères.

Propriétés. — Le chlorure de sodium est un corps incolore, inodore, d'une saveur salée; sa densité égale 2,13. Il est presque aussi soluble à froid qu'à chaud; cristallise en cubes, formant par leur agglomération des *pyramides* ou *trémies* (1); ses cristaux sont anhydres et décrépitent au feu (*eau d'interposition*).

Usages. — Il est indispensable à la nourriture de l'homme et des animaux; ses propriétés antiseptiques le font employer pour la conservation des viandes. Dans l'industrie, il sert à la préparation du sulfate de sodium et de l'acide chlorhydrique :

$$2NaCl + SO^4H^2 = SO^4Na^2 + 2HCl.$$

X. — Carbonates, sulfate et azotate de sodium.

Carbonates de sodium.

Carbonate de sodium. — Le carbonate de sodium est désigné dans l'industrie sous le nom de *soude naturelle* ou de *soude artificielle*, suivant qu'il est fourni directement par la nature ou qu'il est obtenu par des procédés chimiques.

Carbonates, sulfate et azotate de sodium.

Carbonates de sodium (CO^3Na^2).

Préparations.

Soudes naturelles. — On les retire des résidus de la combustion des plantes marines. La production de ces soudes est aujourd'hui peu importante, car on fait surtout usage dans l'industrie des soudes artificielles.

Soudes artificielles

1° Procédé Leblanc. — Principe : On part du sel marin que l'on transforme d'abord en sulfate de sodium; ce sulfate de sodium est lui-même transformé en carbonate de sodium, sous l'action d'un mélange de carbonate de calcium et de charbon, et d'une température très élevée. La réaction définitive est la suivante :
$$SO^4Na^2 + 2C + CO^3Ca = CaS + 2CO^2 + CO^3Na^2.$$
Cette fabrication de la soude se pratiquait autrefois dans des fours à réverbère (1), et le brassage des matières pendant l'opération était très pénible. Dans les fours tournants aujourd'hui employés, ce brassage se fait mécaniquement. La masse pâteuse retirée des fours est refroidie, puis concassée, et traitée par l'eau chaude qui dissout le carbonate de sodium; par évaporation on l'obtient presque pur, et il est ainsi livré au commerce sous le nom impropre de *cristaux de soude.*

2° Procédé à l'ammoniaque ou procédé Solvay. — Le procédé Solvay tend de plus en plus à se substituer au procédé Leblanc, parce qu'il est plus économique et qu'il fournit une soude plus pure. **Principe** : La solution saturée de sel marin agit sur le bi-carbonate d'ammonium pour produire du bicarbonate de sodium et du chlorure d'ammonium : $CO^3H(AzH^4) + NaCl = AzH^4Cl + CO^3NaH$. Le bicarbonate de sodium est transformé en carbonate neutre par une légère calcination : $2CO^3NaH = CO^3Na^2 + H^2O + CO^2$. — En chauffant AzH^4Cl avec de la chaux, on régénère l'ammoniaque. La chaux est obtenue en calcinant du calcaire, et l'acide carbonique produit sert, avec celui qu'a dégagé le bicarbonate de sodium, à obtenir le bicarbonate d'ammoniaque.

Propriétés.

C'est un sel incolore, inodore, d'une saveur âcre et un peu caustique; soluble dans l'eau; insoluble dans l'alcool; facilement décomposable par les acides.

Usages.

L'industrie du verre et des savons en consomme de très grandes quantités. Il est aussi employé quelquefois pour le blanchiment du fil et des tissus de coton.

Carbonate acide de sodium ou bicarbonate de sodium (CO^3HNa).

Etat naturel et préparation.

Est encore désigné sous le nom de *bicarbonate de sodium;* se trouve dans les eaux minérales de Vichy, de Carlsbad, etc. Il peut se préparer en faisant passer sur le carbonate neutre un courant d'anhydride carbonique.

Propriétés.

Sel incolore, inodore, saveur salée, soluble dans l'eau; décomposable par la chaleur et les acides.

Usages.

Sert à la *fabrication des eaux gazeuses artificielles* et de *l'eau de Seltz;* utilisé en médecine contre la gravelle, etc.

Sulfate neutre de sodium (SO^4Na^2).

Etat naturel et préparation.

Ce sel existe dans la nature, en Espagne, dans de vastes gisements exploités depuis peu de temps; on le retire aussi des *schlotts* des marais salants, mais on le prépare artificiellement en décomposant le chlorure de sodium par l'acide sulfurique : $2NaCl + SO^4H^2 = SO^4Na^2 + 2HCl$. — A l'aide du *procédé Hargreaves,* on évite l'emploi direct de l'acide sulfurique, en faisant agir, à 600° dans des appareils spéciaux, un mélange d'air, de vapeur d'eau et de gaz sulfureux sur le chlorure de sodium. On a : $SO^2 + O + H^2O + 2NaCl = SO^4Na^2 + 2HCl$.

Propriétés et usages.

Sel blanc, d'une saveur fraîche et amère, soluble dans l'eau; cristallise en prismes rhomboïdaux droits. Ces cristaux, solubles dans l'eau, contiennent dix molécules d'eau et ont pour formule chimique $SO^4Na^2 + 10H^2O$; il s'effleurit à l'air, fond sous l'action de la chaleur, mais sans se décomposer. Il est employé en grande quantité pour la fabrication des soudes commerciales. La médecine l'utilise aussi quelquefois comme purgatif.

Azotate de sodium (AzO^3Na).

Etat naturel.

L'azotate de sodium existe dans la nature, en bancs épais, au Pérou et au Chili.

Propriétés et usages.

C'est un corps solide, blanc, soluble dans l'eau, cristallisant en rhomboèdres, décomposable par la chaleur en azotite de sodium et oxygène. Il est employé pour la fabrication du salpêtre, pour la préparation de l'acide azotique; l'agriculture l'utilise aussi comme engrais.

Sels ammoniacaux.

Généralités. — Les sels ammoniacaux résultent de la combinaison de l'ammoniaque gazeux ou en dissolution avec les acides. Ils sont analogues aux sels de potassium ou de sodium, isomorphes même, ce qui a conduit à les envisager comme résultant de la substitution de l'hydrogène de l'acide par le radical ammonium.

Chlorure d'ammonium (AzH^4Cl).

Préparation. — Ce sel, désigné encore sous le nom de *chlorhydrate d'ammoniaque* ou *sel ammoniac*, s'est longtemps préparé par distillation de la suie résultant de la combustion de la fiente des chameaux. Aujourd'hui on l'obtient en traitant le carbonate d'ammonium par l'acide chlorhydrique : $CO^3(AzH^4)^2 + 2HCl = 2AzH^4Cl + CO^2 + H^2O$. Dans l'industrie, on le prépare par l'action de l'acide chlorhydrique soit sur les eaux vannes résultant de la fermentation des urines, soit sur les eaux de condensation du gaz d'éclairage, et on le purifie par une sublimation.

Propriétés. — C'est un corps solide, blanc, inodore, saveur piquante, soluble dans l'eau, cristallisable en cubes, à cassure fibreuse, difficile à pulvériser; se volatilise sans se fondre ni se décomposer. Il est décomposé à chaud par les oxydes en produisant un chlorure volatil, de l'ammoniaque et de l'eau : $4CuO + 2AzH^4Cl = CuCl^2 + 3Cu + 4H^2O + 2Az$.

Usages. — Cette dernière réaction a fait utiliser le chlorure d'ammonium pour le décapage des métaux et des fers à souder; il sert aussi à reconnaître les sels de platine et à séparer ce dernier métal des autres métaux qui l'accompagnent.

Carbonates d'ammonium.

On connaît trois carbonates d'ammonium bien définis. Le sesquicarbonate, le seul qui ait quelque importance : $(CO^3)^3(AzH^4)^4H^2 = CO^3(AzH^4)^2 + 2[CO^3H(AzH^4)]$; le bicarbonate : $CO^3H(AzH^4)$ et le carbonate neutre : $CO^3(AzH^4)^2$.

Préparation du sesquicarbonate d'ammonium. — Se prépare en chauffant dans une chaudière en fonte du sulfate d'ammonium et de la craie : $3[SO^4(AzH^4)^2] + 3(CO^3Ca) = (CO^3)^3(AzH^4)^4H^2 + 2AzH^3 + 3(SO^4Ca)$.

sesquicarbonate

Propriétés. — Sel blanc, translucide, saveur caustique, odeur ammoniacale; se transforme en bicarbonate en perdant de l'ammoniaque à l'air.

Usages. — Utilisé par les pâtissiers pour faire lever les pâtes très légères.

Sulfate d'ammonium $SO^4(AzH^4)^2$.

Préparation. — Se prépare dans l'industrie en décomposant par l'acide sulfurique le carbonate d'ammonium qui provient des eaux condensées de l'épuration du gaz d'éclairage, ou des eaux vannes provenant de la fermentation des urines : $CO^3(AzH^4)^2 + SO^4H^2 = SO^4(AzH^4)^2 + CO^2 + H^2O$.

Propriétés. — Sel blanc, translucide, d'une saveur piquante; soluble dans l'eau; cristallise en prismes à six pans; décomposable par la chaleur.

Usages. — *Il est surtout employé comme engrais*, mais l'industrie en consomme aussi de grandes quantités pour la fabrication de l'alun ammoniacal.

Azotate d'ammonium (AzO^3AzH^4).

Etat naturel et préparation. — Se trouve quelquefois en petite quantité dans l'air, surtout pendant les orages. Il se prépare par l'action directe de l'acide azotique sur l'ammoniaque et en laissant évaporer le liquide : $AzH^3 + AzO^3H = AzO^3AzH^4$.

Propriétés. — C'est un sel blanc cristallisé, déliquescent, de saveur piquante, décomposable par la chaleur.

Usages. — Sert à la préparation du protoxyde d'azote, et pour les mélanges réfrigérants, mais son prix élevé en limite l'emploi.

XII. — Baryte. — Chaux. — Carbonate et sulfate de calcium.

Baryum (Ba). — Le baryum existe dans la nature à l'état de carbonate et de sulfate insolubles. Davy l'a découvert en décomposant son oxyde par le courant électrique. Il est blanc comme l'argent, mais très oxydable; il s'altère au contact de l'air et décompose l'eau à froid.

Baryte (BaO).

Préparations.

1° Anhydre. — En décomposant au rouge blanc l'azotate de baryum :
$$(AzO^3)^2Ba = BaO + 2AzO^2 + O.$$

2° Hydratée. — En chauffant un mélange de carbonate de baryum et de charbon, et essivant ensuite la masse refroidie : $CO^3Ba + C = 2CO + BaO$.

Propriétés. — La baryte anhydre se présente sous l'aspect d'une masse spongieuse, de couleur grisâtre, de saveur âcre et caustique; très vénéneuse; indécomposable par la chaleur; de densité égale à 4. Au contact de l'air, elle se réduit en poussière sous la double influence de l'acide carbonique de l'air et de l'humidité. *Très avide d'eau*, dans laquelle elle est très soluble. L'acide sulfurique, versé goutte à goutte, la rend incandescente. Elle désorganise rapidement les matières organiques. Avec l'oxygène, au rouge sombre, elle donne du bioxyde de baryum, utilisé pour préparer l'eau oxygénée et pour retirer l'oxygène de l'air. Chauffée avec du carbone, dans l'arc électrique, elle donne du carbure de baryum BaC^2, qui, en présence de l'eau, fournit de l'acétylène C^2H^2 et de l'hydrate de baryum.

Usages. — La baryte est employée dans les laboratoires comme réactif.

Calcium. Préparation et propriétés. — Après Davy, qui a le premier isolé le calcium en 1808, il a été obtenu par Bunsen, en décomposant son chlorure $(CaCl^2)$ par le courant électrique. Il est d'une couleur jaune, mais s'altère rapidement à l'air humide; il brûle à l'air avec une flamme blanche, très brillante.

Oxyde de calcium (chaux) (CaO). Préparation. — La chaux se prépare dans l'industrie en décomposant, par la chaleur, le carbonate de calcium. Les fours intermittents employés autrefois sont remplacés aujourd'hui par les fours coulants ou continus (1).

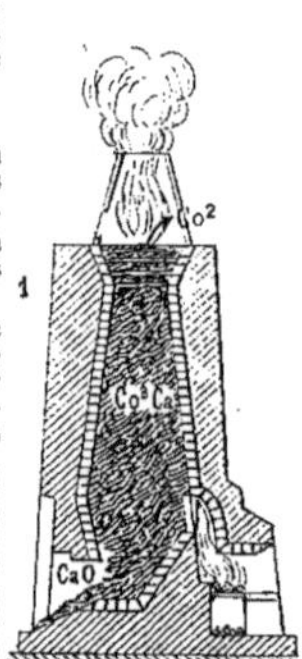

Propriétés et usages. — La chaux est une substance blanche, amorphe, d'une saveur caustique, fondant dans l'arc électrique du fourneau Moissan; produisant un vif éclat avec la flamme du chalumeau; elle a une grande affinité pour l'eau; sous son action, la *chaux vive* devient *chaux éteinte* : $CaO + H^2O = Ca(OH)^2$. Cette combinaison se produit avec dégagement de chaleur; elle augmente de volume (*foisonne*), puis *se délite*. La chaux de bonne qualité, peu soluble dans l'eau, forme une pâte liante. c'est la *chaux grasse;* si elle contient des substances étrangères, elle ne foisonne pas avec l'eau, elle est dite *chaux maigre;* enfin, si elle est en suspension dans l'eau, on a un *lait de chaux*, et en dissolution, très limpide, on a l'*eau de chaux*. La chaux durcit au contact de l'air, en absorbant l'acide carbonique qu'il contient; elle se transforme en carbonate de calcium. Si la chaux contient de l'argile, elle est dite *hydraulique* et possède la propriété de faire prise sous l'eau. Une très forte proportion d'argile produit le *ciment* qui, mélangé à l'eau, fait prise dans un temps très court. — Pour expliquer cette propriété de la chaux hydraulique, on admet que, par la calcination, l'argile réagissant sur la chaux forme un silicate et un aluminate de calcium anhydre, qui s'hydratent au contact de l'eau en donnant des produits cristallisés d'une très grande dureté et insolubles dans l'eau. — Le durcissement de la chaux au contact de l'air l'a fait employer à la fabrication des mortiers, et celui du ciment à la fabrication du béton. La chaux sert aussi à la purification du gaz d'éclairage; à la saponification des corps gras, etc; en agriculture comme amendement.

Carbonate de calcium (CO³Ca). État naturel. — C'est un des sels les plus importants, soit à cause de son extrême abondance dans la nature, soit à cause de ses nombreuses applications. Les deux variétés les plus pures sont le *spath d'Islande* et l'*aragonite*. Les marbres, les calcaires, la pierre lithographique, la craie, etc., sont autant de variétés de carbonate de calcium.

Propriétés. — Corps solide, blanc, insoluble dans l'eau pure. Si l'eau contient de l'acide carbonique, le carbonate de calcium se transforme en bicarbonate soluble. Ce fait explique le phénomène des fontaines pétrifiantes, comme celle de *Saint-Allyre*, des stalactites et des stalagmites. Le carbonate de calcium est décomposable par la chaleur; les acides le décomposent avec dégagement d'anhydride carbonique.

Usages. — Il sert à la fabrication des différentes espèces de chaux et, dans les laboratoires, à la préparation de l'anhydride carbonique.

Sulfate de calcium.

Etat naturel et propriétés.
Le sulfate de calcium existe dans la nature sous deux états : 1° *anhydre;* il est alors désigné sous le nom d'*anhydrite,* et 2° *combiné à deux molécules d'eau de cristallisation,* il est alors désigné sous le nom de *gypse* ou *pierre à plâtre.* Il est très abondant dans ce dernier état aux environs de Paris. Le gypse est blanc, peu soluble dans l'eau; sa présence la rend indigeste, impropre à la cuisson des légumes et au savonnage. Sa forme cristalline présente l'aspect d'un fer de lance (1). Il sert à la préparation du plâtre.

Plâtre. Préparation.
Le plâtre s'obtient en déshydratant le gypse dans des fours spéciaux analogues à ceux qui servent à préparer la chaux (2). La calcination terminée, on réduit le plâtre en poudre au moyen de meules et on le conserve à l'abri de l'humidité.

Propriétés.
Gâché avec un peu d'eau, le plâtre forme une sorte de bouillie qui durcit rapidement au contact de l'air, par suite de l'enchevêtrement des cristaux qui se forment au moment de la nouvelle combinaison qui s'établit entre le plâtre anhydre et l'eau.

Usages.
Le plâtre augmente de volume en se solidifiant; de là son emploi pour le moulage; on en revêt les plafonds et les murs; il sert à sceller le fer dans la pierre; il est aussi employé pour la fabrication du stuc, et l'agriculture s'en sert pour amender les terres destinées à être converties en prairies artificielles.

XIII. — Phosphates de calcium et chlorures décolorants.

On en connait trois :

Phosphates de calcium.

1° Phosphate monocalcique $(PO^4)H^2Ca$.

Préparation et propriétés.
Se prépare en traitant par l'acide sulfurique le phosphate de calcium obtenu par la calcination des os. Ce sel est soluble dans l'eau et cristallise en lamelles nacrées et déliquescentes :

$$(PO^4)^2Ca^3 + 2(SO^4H^2) = (PO^4)^2H^4Ca + 2(SO^4Ca).$$

Usages.
Il sert à la préparation du phosphore et en agriculture, où il constitue la partie essentielle des superphosphates employés comme engrais.

2° Phosphate bicalcique $(PO^4)H^2Ca^2$.
Ce sel présente peu d'intérêt. On peut l'obtenir en versant goutte à goutte une solution de chlorure de calcium dans une dissolution de phosphate neutre de sodium. C'est un sel blanc, insoluble dans l'eau, soluble dans les acides, même dans l'eau chargée d'acide carbonique. Il se trouve en dissolution dans certaines eaux minérales, et aussi quelquefois dans les calculs de la vessie.

3° Phosphate tricalcique $(PO^4)^2Ca^3$.

Etat naturel.
C'est le plus important. On le trouve dans les os, et dans la nature, combiné à du fluorure de calcium sous le nom d'*apatite.* Dans les départements du Lot et du Tarn-et-Garonne, il existe des gisements de phosphate tricalcique amorphe assez importants.

Propriétés.
C'est un sel blanc, insoluble dans l'eau, soluble dans les acides, même faibles.

Usages.
Est surtout employé comme engrais, en le transformant d'abord en superphosphate. Le superphosphate de calcium est constitué par le mélange du phosphate monocalcique avec le sulfate de calcium résultant de la réaction : $(PO^4)^2Ca^3 + 2(SO^4H^2) = (PO^4)^2H^4Ca + 2SO^4Ca$. Le phosphate monocalcique est naturellement soluble et assimilable directement; mais si la matière contient des sels d'alumine ou de fer, elle perd de l'acide phosphorique et il se reforme du phosphate bicalcique qui, pour se redissoudre, exigera l'action de l'acide carbonique de l'air.

Chlorures décolorants.

Chlorure de calcium ($CaCl^2$).

Préparation. — Ce sel s'obtient en dissolvant de la chaux ou du carbonate de calcium dans l'acide chlorhydrique, et en évaporant la dissolution. C'est la réaction qui se produit dans la préparation de l'anhydride carbonique : $CO^3Ca + HCl = CaCl^2 + CO^2 + H^2O$.

Propriétés. — Sel blanc, de saveur amère; ses cristaux ont la forme de prismes à six pans, terminés par des pyramides à six faces; grande affinité pour l'eau, très déliquescent, employé comme mélange réfrigérant avec la neige.

Usages. — Est utilisé pour dessécher les gaz, après avoir été fondu ou rendu anhydre.

Chlorures décolorants. Hypochlorite de calcium (Cl^2O^2)Ca.

Préparations. — L'hypochlorite de calcium se prépare en faisant passer un courant de chlore sur l'hydrate de chaux ou chaux éteinte, ou bien encore dans un lait de chaux : $2CaO^2H^2 + Cl^4 = CaCl^2 + (ClO)^2Ca + 2H^2O$. Le mélange d'hypochlorite de calcium et de chlorure de calcium est désigné sous le nom de *chlorure de chaux, de chlorure décolorant.* Dans l'industrie, le courant de chlore arrive dans de grandes chambres en maçonnerie, dans l'intérieur desquelles la chaux se trouve répandue sur des tablettes disposées horizontalement. Lorsque le courant de chlore passe dans une dissolution froide de potasse, on obtient *l'eau de Javel,* mélange d'hypochlorite de potassium et de chlorure de potassium. — Si le courant de chlore passe dans une dissolution froide de soude, on obtient l'eau de *Labarraque,* mélange d'hypochlorite de sodium et de chlorure de sodium.

Propriétés. — Le chlorure de chaux est un corps solide, blanc, amorphe, pulvérulent, dégageant une très forte odeur de chlore, très soluble dans l'eau. Les acides, même les plus faibles, le décomposent en mettant en liberté l'acide hypochloreux *qui décolore les matières organiques, en agissant sur ces substances à la fois par son oxygène et par son chlore :*

$$(ClO)^2Ca + CO^2 = CO^3Ca + Cl^2 + O.$$

Remarque importante. — *L'oxygène prenant autant d'hydrogène que le chlore, l'hypochlorite de calcium décolore autant que tout le chlore qui a servi à le préparer.*

Usages. — Le chlorure de chaux est très employé pour l'assainissement de l'atmosphère des hôpitaux, des fosses d'aisances, etc.; c'est avec lui qu'on blanchit la pâte à papier et les toiles.

Essais chlorométriques. — La valeur commerciale du chlorure de chaux dépend surtout de la quantité de chlore qu'il renferme. Le degré chlorométrique d'un chlorure de chaux est le nombre de litres de chlore actif qu'en contient un kilogramme. — Le procédé d'essai chlorométrique de Gay-Lussac, qui est suivi dans l'industrie, repose sur la propriété que possède l'anhydride arsénieux de se transformer en acide arsénique sous l'action du chlore et de n'exercer son action sur une matière colorante qu'autant que l'anhydride arsénieux est entièrement oxydé. On a la réaction : $As^2O^3 + 2H^2O + 4Cl = As^2O^5 + 4HCl$. — Le calcul de cette réaction prouve qu'un litre de chlore transforme $4^{gr},4$ d'anhydride arsénieux. On dissout $4^{gr},4$ d'acide arsénieux dans l'acide chlorhydrique, et on étend la solution de manière à obtenir un litre : *c'est la liqueur chlorométrique.* Pour faire un essai chlorométrique on prend 10 grammes de chlorure de chaux à essayer que l'on dissout parfaitement dans un litre d'eau, et on verse peu à peu cette solution dans 10^{c3} de la liqueur arsénieuse, colorée avec une ou deux gouttes d'indigo; on s'arrête lorsque l'indigo commence à se décolorer. Le quotient par 1000 du nombre de centimètres cubes versés, fait connaître le degré chlorométrique.

Aluminium. — Alumine.

Aluminium (Al).

Préparations

chimiques.

Wöher a obtenu le premier l'aluminium en réduisant le chlorure Al^2Cl^6 par le potassium. Sainte-Claire Deville, en 1854, le préparait en réduisant par le sodium le composé $Al^2Cl^6 + 2NaCl$. Aujourd'hui, on emploie la *cryolithe* réductible aussi par le sodium : $Al^2F^6, 6NaF + 6Na = 12NaF + Al^2$.

par l'électrolyse.

1° *Procédé Minet.* — On électrolyse un mélange de cryolithe et de chlorure de sodium fondu dans un creuset de fer brasqué. — On régénère le bain en ajoutant de l'alumine et du fluorure d'aluminium en quantités convenables.

2° *Procédé Héroult.* — On électrolyse la cryolithe mêlée d'alumine, et ce mélange est fondu par le courant lui-même. Le courant est d'environ 1000 ampères à la tension de 4 à 5 volts, et le rendement est de 32 grammes par cheval-heure (1).

3° *Procédé Cowles.* — On réduit l'alumine par le charbon à la température de l'arc, et si l'opération est faite en présence du cuivre, on a un bronze d'aluminium dont on pourra ensuite modifier la composition par des additions convenables de cuivre ou d'autres métaux. — En remplaçant le cuivre par la fonte on aurait le ferro-aluminium employé dans l'industrie des aciers.

Propriétés.

C'est un métal blanc, présentant l'éclat de l'argent; il est ductible, malléable, tenace et sonore; ne fond qu'à 625°; inaltérable à l'air sec ou humide, attaquable par la potasse ou la soude; d'une densité très faible, 2,6. La plupart des acides sont sans action sur lui, l'acide chlorhydrique seul le dissout. Combiné au cuivre, il forme le bronze d'aluminium.

Usages.

Par suite de ses nombreuses qualités, l'aluminium est appelé à de nombreux usages, mais son prix élevé en limite encore l'emploi; actuellement il est utilisé en bijouterie; pour la fabrication des montures de lorgnettes, etc.

Alumine (Al^2O^3).

Etat naturel et préparation.

L'alumine est très répandue dans la nature, à l'état de mélange ou de combinaison, dans les marnes, les argiles, etc. A l'état cristallisé (2) elle est assez rare, et constitue le *corindon* qui, coloré par les oxydes métalliques, forme les principales pierres précieuses telles que le *rubis*, coloré en rouge; le *saphir*, coloré en bleu; la *topaze*, colorée en jaune. L'*émeri* est de l'alumine colorée en noir par de l'oxyde de fer. On a pu préparer artificiellement l'alumine cristallisée. On obtient l'hydrate d'aluminium en précipitant par l'ammoniaque le sulfate d'aluminium : $(SO^4)^3Al^2 + 6AzH^4OH = 3SO^4(AzH^4)^2 + Al^2O^3 + 3H^2O$. Le précipité gélatineux obtenu est placé sur un filtre et lavé à l'eau bouillante qui dissout le sulfate d'ammoniaque.

Propriétés.

L'alumine pure, obtenue artificiellement, est une poudre blanche qui happe à la langue; elle est indécomposable par la chaleur; insoluble dans l'eau, soluble dans la soude et la potasse. — L'alumine hydratée a une très grande affinité pour les matières colorantes et produit des composés insolubles appelés *laques*.

Usages.

L'alumine naturelle cristallisée est employée comme pierre précieuse. L'alumine artificielle sert à la préparation du chlorure double d'aluminium et de sodium, et par suite de l'aluminium; elle est aussi utilisée pour la fabrication des laques; elle constitue la base des aluns, et on en fait un grand usage en teinture, sous le nom de *mordant*, pour fixer les couleurs.

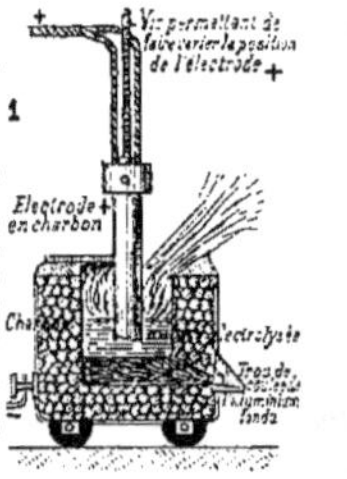

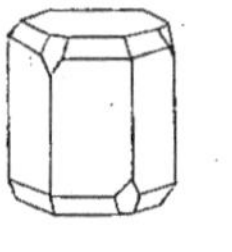

Aluminium. — Alumine. — Aluns.

Aluns.

Définition.

On désigne sous le nom d'aluns des sulfates doubles d'aluminium et d'un métal alcalin. Ils ont tous des formules semblables, et sont isomorphes (*octaèdres réguliers*) (1), avec vingt-quatre molécules d'eau. Les deux plus importants sont : 1° l'*alun ordinaire* ou *alun potassique* : $(SO^4)^3Al^2 + SO^4K^2 + 24H^2O$, et 2° l'*alun ammoniacal* : $(SO^4)^3Al^2 + SO^4(AzH^4)^2 + 24H^2O$. Dans ces deux formules types, le potassium pourrait être remplacé par le sodium et l'aluminium par le fer, le chrome, le manganèse, etc.

1° Alun ordinaire.

Préparations.

1° Par l'alunite.

L'*alunite* ou *pierre d'alun* est une roche qu'on trouve en abondance dans les environs de Rome, et qui est composée d'alun et d'un excès d'alumine hydratée. On calcine ce minerai et l'alumine devient insoluble. Le résidu est repris par l'eau, et après évaporation on obtient l'alun de Rome, cristaux cubiques colorés en rose par le sesquioxyde de fer.

2° Par les argiles.

L'argile est du silicate d'alumine hydraté. On traite les argiles calcinés par l'acide sulfurique. On obtient ainsi du sulfate d'alumine qui, traité par le sulfate de potassium, donne des cristaux octaédriques d'alun que l'on purifie par cristallisation.

3° Par les schistes pyriteux.

Les schistes sont des pierres de nature feuilletée, présentant une composition analogue à celle des argiles, mais, en plus des substances bitumineuses charbonnées et du sulfure de fer. Par grillage et par exposition à l'air, la pyrite se transforme en sulfate de fer et acide sulfurique qui, en se combinant avec l'alumine produit le sulfate d'alumine : $FeS^2 + O^7 + H^2O = SO^4Fe + SO^4H^2$. Il suffit de traiter ce mélange par l'eau pour obtenir l'alun par évaporation.

Propriétés.

L'alun est un corps solide, blanc ; sa saveur est astringente ; beaucoup plus soluble à chaud qu'à froid ; de densité égale à 1,7 ; sa réaction est acide ; il cristallise en cubes ou en octaèdres (1) ; fond sous l'action de la chaleur et se dissout dans ses vingt-quatre molécules d'eau : chauffé avec le charbon en poudre, il donne une substance qui s'enflamme spontanément à l'air.

2° Alun ammoniacal.

Préparation et propriétés.

La préparation de l'alun ammoniacal ne diffère de la préparation de l'alun ordinaire, qu'en ce qu'on mélange au sulfate d'aluminium du sulfate d'ammonium au lieu de sulfate de potassium. L'alun ammoniacal jouissant des mêmes propriétés que l'alun ordinaire, et son prix de revient étant moindre, c'est presque le seul actuellement utilisé dans l'industrie.

Usages des aluns.

L'alun est employé comme mordant, pour fixer les couleurs sur les étoffes ; dans la préparation des peaux qu'on veut conserver avec leurs poils ; pour l'encollage du papier, qui a pour effet de le rendre imperméable ; pour durcir le plâtre ; pour clarifier les liquides ; enfin la médecine l'utilise comme caustique et comme astringent.

Feldspaths. — Argiles. — Poteries.

XVI. — Feldspaths. — Argiles. — Poteries. — Verres.

Feldspaths et argiles.

On désigne sous le nom de feldspaths des silicates doubles dans lesquels l'une des bases est toujours l'alumine et l'autre un alcali ou une base alcalino-terreuse. L'argile est une substance alumineuse provenant de la décomposition du feldspath sous l'influence prolongée des eaux.

Principales espèces d'argiles.

- 1° *Kaolin ou terre à porcelaine.* — C'est la plus pure; elle se trouve en abondance aux environs de Limoges et en Saxe.
- 2° *Argile plastique.* — Moins pure que le kaolin. Elle est désignée vulgairement sous le nom de terre glaise ou terre à potier.
- 3° *Argiles figulines.* — Fondent facilement et sont douées d'un peu de plasticité.
- 4° *Terre à foulon.* — Possède la propriété d'absorber les corps gras.
- 5° *Marnes.* — Mélange d'argile et de craie; employées en agriculture.

Propriétés des argiles. — Les argiles sont des matières terreuses très répandues dans la nature; l'argile pure est blanche, tendre, douce au toucher, difficilement fusible. — Les argiles se mélangent avec l'eau pour former une pâte liante, facile à pétrir et à façonner. Sous l'action de la chaleur elles se fendillent, éprouvent un retrait considérable et deviennent très dures.

Usages. — Mélangées à des substances dites dégraissantes, telles que le quartz, le sable, le silex, la craie, etc., les argiles forment la base de l'industrie de la poterie.

Définition. — On désigne sous le nom de poteries les objets fabriqués avec de l'argile et soumis ensuite à la cuisson : c'est l'industrie de la céramique.

Poteries.

D'après la qualité des argiles qui entrent dans la confection des poteries, et la manière dont la pâte est préparée, on divise les poteries en deux groupes :

Classification des poteries.

1° Poteries à pâte poreuse.

- *Terres cuites.* — Ces poteries sont faites avec des argiles impures, telles que la terre glaise, mêlées à des proportions variables de sable quartzeux. Leur fabrication est simple et produit les briques, les tuiles, les pots à fleurs, les tuyaux de conduite, etc.
- *Poteries communes.* — Ce sont les poteries utilisées comme ustensiles de ménage. Ces objets, fabriqués avec la terre à potier, sont façonnés au tour à potier, séchés à l'air, cuits dans des fours spéciaux, recouverts d'un vernis au minium et repassés au four pour y fondre ce vernis.
- *Faïences.* — Les faïences ne diffèrent des poteries communes qu'en ce que la pâte et le vernis employés sont plus fins. On en fabrique des tasses, des plats, des assiettes, etc., de même façon que pour les poteries communes.
- *Grès.* — Le grès est une poterie dure, opaque, imperméable aux liquides, même sans vernis; leur pâte est plus ou moins colorée suivant la pureté de l'argile employée. Ces poteries ne sont pas transparentes comme la faïence, mais elles sont en partie vitrifiées comme la porcelaine. Les produits sont façonnés au tour; les principaux sont des terrines, des vases de cheminées, des fontaines, des touries, etc.

2° Poteries demi-vitrifiées.

Porcelaine. — C'est la plus belle des poteries; elle se distingue des autres par sa translucidité. Sa préparation comporte plusieurs opérations.

- 1° *Préparation des pâtes.* — On emploie le kaolin comme substance plastique, le sable quartzeux comme substance dégraissante, et le feldspath qui rend la pâte translucide. Ces différentes matières sont lavées, broyées et mélangées.
- 2° *Façonnage de la pâte.* — Plusieurs procédés sont employés :
  - 1° *Travail sur le tour.* — Analogue à celui qui se fait pour les autres poteries.
  - 2° *Moulage.* — On met la pâte en feuilles et on l'applique sur des moules.
  - 3° *Coulage.* — On verse dans un moule en plâtre une bouillie liquide de pâte de porcelaine.
- 3° *Cuisson de la porcelaine.* — Les pièces sont d'abord séchées à l'air, puis recouvertes d'une glaçure, formée d'une bouillie claire de *pegmatite*. Pendant la cuisson cette glaçure fondra et formera une espèce de vernis à la surface de l'objet. Les pièces sans glaçures s'appellent *biscuits*. Les objets ainsi préparés sont placés dans des cazettes destinées à les protéger contre la fumée et les cendres, et portés dans un four spécial à deux ou trois étages, dit four à porcelaine (1).
- 4° *Décoration de la porcelaine.* — Tantôt on colore la pâte dans sa masse, tantôt on recouvre l'objet d'une pâte ou d'un vernis coloré, mais le plus souvent l'ornementation se fait par la peinture. La cuisson de ces pièces est très délicate.

Verres.

Définition.

On désigne sous le nom de verres des substances solides, dures, transparentes, cassantes, fusibles à une température élevée et formées par le mélange ou la combinaison de divers silicates fondus ensemble.

D'après leur composition, on peut diviser les verres en trois groupes :

Classification des verres.

1° *Verres à silicate de potassium et de plomb.*

Cristal. — Est employé pour les objets de luxe; il est incolore et transparent; c'est le plus sonore de tous les verres.

Strass. — Plus riche en plomb que le cristal; c'est le plus dense de tous les verres; il est facile à colorer.

Flint-glass. — Il est plus riche en oxyde de plomb que le cristal ordinaire, mais moins que le strass; il est très limpide et est employé avec le crown-glass à la fabrication des verres d'optique.

Email. — C'est un cristal rendu opaque par du bioxyde d'étain ou du phosphate de calcium.

2° *Verres à silicate alcalin (de potassium ou de sodium) et silicate de calcium.*

Verre de Bohême. — Remarquable par sa dureté, sa transparence et son éclat.

Verre à glaces et à vitres. — Il est transparent et présente une couleur verdâtre lorsqu'on l'examine sur sa tranche.

Crown-glass. — Analogue au verre de Bohême; il est plus riche en potasse et en chaux.

3° *Verres à silicates de sodium, de calcium, d'aluminium et de fer.*

Verre à bouteilles. — C'est le verre qui offre la composition la plus complexe; sa couleur particulière lui est donnée par l'oxyde de fer. Il se dévitrifie facilement et est altérable par les acides.

Fabrication du verre.

Les substances qui doivent entrer dans la composition du verre sont soigneusement pulvérisées, mélangées avec des débris de verre semblable à celui qu'on veut fabriquer, et placées sous les *arches* du four spécial des verriers (1). Cette première calcination, appelée *fritte*, a pour but de déterminer un commencement de combinaison entre les éléments du mélange. On fait fondre ensuite cette substance en la plaçant dans des creusets au centre du four (1). La fusion se produit lentement et on a le verre fondu.

Travail du verre.

Quelques objets de petites dimensions, tels que les bouteilles, se fabriquent seulement par soufflage; les autres sont façonnés par moulage et par coulage. Quel que soit l'objet fabriqué, il doit subir l'opération du recuit, c'est-à-dire qu'il est replacé dans des fours où il s'échauffe de nouveau graduellement jusqu'au rouge sombre pour se refroidir de même. C'est là une opération minutieuse et délicate qui a pour but d'éviter les inconvénients de la trempe partielle.

Manganèse.

Composés] oxygénés.

Manganèse (Mn).

Etat naturel et préparations. — Ce métal se trouve à l'état d'oxyde dans un certain nombre de minéraux, et particulièrement dans la *pyrolusite*. On obtient le manganèse en réduisant le bioxyde de manganèse par le charbon, dans un creuset brasqué.

Propriétés. — C'est un métal solide, dur, cassant, de couleur grisâtre, très réfractaire, d'une densité égale à 8. Il a une très grande affinité pour l'oxygène, s'altère très facilement à l'air, et s'oxyde quand on le chauffe; il se conserve dans l'huile de naphte; il n'a pas d'usages.

Composés oxygénés du manganèse.

Le manganèse forme avec l'oxygène une série de composés analogues aux composés oxygénés du fer.

1° Oxyde manganeux (MnO).

Préparation. — S'obtient en réduisant le bioxyde de manganèse chauffé dans un tube, par un courant d'hydrogène.

Propriétés. — Il est la base des principaux sels de manganèse; son aspect est verdâtre; son affinité pour l'oxygène varie avec sa cohésion. Pas d'usages.

2° Oxyde manganoso-manganique (Mn^3O^4) $= Mn^2O^3MnO$ (oxyde salin).

Etat naturel et préparation. — Il existe dans la nature sous le nom de *hausmannite*. C'est le plus stable des composés oxygénés du manganèse. On peut le produire, soit par la suroxydation de l'oxyde manganeux, soit par la désoxydation des oxydes supérieurs; on utilise cette dernière propriété pour la préparation de l'oxygène : $3MnO^2 = Mn^3O^4 + O^2$.

Propriétés. — D'une couleur rouge brun, inaltérable par la chaleur, ne se combine pas avec les acides. Pas d'usages.

3° Oxyde manganique (Mn^2O^3).

Etat naturel, préparation et propriétés. — Se trouve dans la nature sous le nom de *braunite* quand il est anhydre, et sous celui de *acerdèse* quand il est hydraté. On le prépare par l'oxydation à l'air de l'oxyde manganeux hydraté. Il est d'un brun noirâtre et n'a pas d'usages.

4° Peroxyde ou bioxyde de manganèse (MnO^2).

Etat naturel. — Est très abondamment répandu dans la nature en masses cristallines d'un gris d'acier : c'est la *pyrolusite* des minéralogistes.

Propriétés. — C'est un corps solide, de couleur noire, décomposable par la chaleur (préparation de l'oxygène); chauffé avec l'acide chlorhydrique il produit le chlore : $MnO^2 + 4HCl = MnCl^2 + 2H^2O + Cl^2$. Dans ses réactions agit comme oxydant, d'où son nom de savon des verriers, parce qu'il transforme l'oxyde ferreux, vert foncé, en oxyde, qui est presque incolore.

Usages. — C'est le plus important de tous les composés oxygénés du manganèse. Il sert à la préparation de l'oxygène, du chlore, et dans les verreries pour décolorer les verres, etc. Peut jouer le rôle d'acide (*acide manganeux*).

5° Anhydride permanganique (Mn^2O^7).

Préparation. — On traite le permanganate de potassium par l'acide sulfurique, et on obtient l'anhydride permanganique.

Propriétés. — Composé très instable; soluble dans l'eau; se décompose à la température de 40° en donnant de l'oxygène; il abandonne facilement son oxygène.

Usages. — Ce corps est utilisé en combinaison avec la potasse et fournit un sel d'un beau violet. — Il sert à reconnaître la présence des matières organiques dans l'eau; il peut remplacer le chlore comme décolorant et désinfectant par suite de ses propriétés oxydantes.

Fer. — Métallurgie.

Minerais et leurs traitements.

Sauf les métaux précieux, or, argent, platine, on trouve rarement les autres à l'état natif. Ils se trouvent combinés, soit à l'oxygène, soit au soufre, et sont désignés alors sous le nom de *minerais*, et c'est à la suite d'opérations chimiques variables qu'on peut en extraire le métal. Mais tous les minerais doivent subir des traitements mécaniques préparatoires qui sont : 1° *le triage à la main;* 2° *le bocardage* ou *pulvérisation;* 3° *le lavage par un courant d'eau* qui entraîne la gangue plus légère.

Minerais de fer.

Le fer est le plus important des métaux à cause de ses nombreux usages dans l'industrie. Comme il est très altérable, il n'existe pas à l'état natif; mais ses minerais sont très abondants. On peut citer :

1° *L'oxyde magnétique,* Fe³O⁴. — Il est désigné sous le nom de *magnétite* et se rencontre principalement en Suède et en Norvège.

2° *L'oxyde ferrique,* Fe²O³. — Cristallisé, il se nomme *fer oligiste* (Ile d'Elbe). Amorphe, se nomme *ocre rouge* et *hématite rouge.*

3° *L'hydrate ferrique,* 2Fe²O³, 3H²O. — Se présente sous des aspects assez variables, et porte les noms de *limonite,* de *fer oolithique,* d'*hématite brune.*

4° *Le carbonate de fer,* CO³Fe. — Se trouve principalement en Angleterre et dans les Pyrénées, et est appelé *fer spathique* à cause de la forme de ses cristaux.

Métallurgie du fer.

Le principe de la métallurgie du fer repose sur la réduction des oxydes de fer par l'oxyde de carbone, à la température du rouge sombre. On a : $Fe^2O^3 + 3CO = 3CO^2 + 2Fe$.

Méthode Catalane (1).

Ce procédé, peu suivi aujourd'hui, ne convient que pour des minerais très riches, car il entraîne une perte d'environ 30 p. 100 du métal. — Au-dessus d'un foyer plein de charbon en combustion, on adosse un tas de minerai et un tas de charbon: ils pénètrent ainsi lentement et ensemble dans le foyer, et la réduction par l'oxyde de carbone, produit par l'excès de charbon qui est porté au rouge, ramène peu à peu tout le minerai à l'état de fer. (L'opération dure environ six heures.) Il reste alors une masse spongieuse que l'on bat avec un puissant marteau pour en extraire *la scorie,* formée d'un silicate double d'aluminium et de fer très fusible. — On a ainsi par cette simple opération un fer de bonne qualité qu'on peut immédiatement façonner en barres.

Propriétés du fer.

Ainsi préparé, le fer contient des traces de charbon; pour l'avoir pur, il faudrait réduire à chaud par l'hydrogène de l'oxalate de protoxyde de fer.

C'est un métal blanc grisâtre, ductile, malléable, très tenace, de densité 7,8, fondant vers 1500° en devenant d'abord pâteux. Il se soude facilement à lui-même, et le martelage lui donne une texture fibreuse. — Inaltérable dans l'air sec, il se rouille dans l'air humide, et au rouge il brûle en donnant Fe³O⁴. Il décompose l'eau au rouge, et tous les acides l'altèrent rapidement en donnant des sels qui prennent une couleur ocreuse en présence de l'air.

1

Métallurgie du fer. — Fontes.

Métallurgie du fer.

Méthode des hauts fourneaux.

Dans les hauts fourneaux, on évite la production du silicate de fer, en ajoutant du carbonate de calcium au minerai, si sa gangue est argileuse, et au contraire de l'argile si la gangue est calcaire. Il se produit ainsi un silicate double de calcium et d'aluminium peu fusible, et c'est pourquoi il faut donner à ces fourneaux de grandes dimensions pour obtenir la température nécessaire à la fusion des scories. Alimentés au charbon de bois, ils ont environ 10 mètres de hauteur, et alimentés au coke ils ont au moins 20 mètres de hauteur.

Description d'un haut fourneau : *gueulard, cuve, étalages, ouvrage, creuset, etc.* (1).

Le haut fourneau contient à sa partie inférieure une couche épaisse de charbon que l'on fait brûler en insufflant de l'air au moyen de trois tuyères; au-dessus et jusqu'au gueulard, on superpose des couches alternatives de minerai et de charbon. Au niveau des tuyères, il se produit de l'anhydride carbonique que le charbon ramène bientôt à l'état d'oxyde de carbone; ce gaz rencontrant le minerai, porté au rouge sombre, le réduit, et quand les matières traversent les étalages, le fer se combine au charbon pour donner de la fonte, et l'argile se combine à la chaux pour former la scorie. En traversant l'ouvrage, la fonte et la scorie se liquéfient et tombent dans le creuset; quand celui-ci est plein de fonte, la scorie plus légère s'est écoulée au dehors en suivant un plan incliné (*dame*).

Récupérateurs Whitwell.

Les gaz qui s'échappent du haut fourneau contiennent 25 p. 100 d'oxyde de carbone; aussi on ferme le gueulard et on aspire ces gaz pour les faire brûler dans des chambres dont ils porteront les parois à la température du rouge. En faisant passer l'air des machines soufflantes à travers ces chambres chaudes, celui-ci pénètre dans le haut fourneau à une température d'environ 800°, ce qui économise beaucoup de combustible.

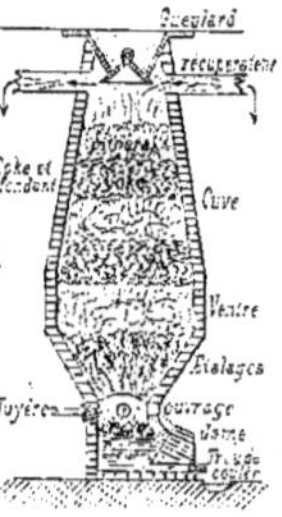

Fontes.

La fonte est une combinaison de fer avec une proportion de deux à cinq centièmes de charbon. Elle peut contenir en outre des proportions variables de silicium, de soufre, de phosphore, de manganèse, etc. On les divise en :

1° Fonte blanche.

C'est celle qui est produite par les fourneaux au charbon de bois. — Le charbon est dissous ou combiné; traitée par HCl elle ne laisse pas de résidu. — Elle est blanche, cassante, très dure, ne se laisse ni limer, ni forer; fond à 1100° et se moule mal. Densité moyenne, 7,6. Elle sert à la fabrication du fer ou de l'acier.

2° Fonte grise.

Elle est donnée par les fourneaux au coke. Elle contient du charbon cristallisé à l'état de graphite, qui reste après qu'elle a été rongée par un acide. — Couleur gris-noir; fondant à 1100°, se moulant bien, et pouvant d'ailleurs se limer et se forer facilement. — Elle sert à faire des pièces de machines. Sa densité moyenne est 7.

On peut d'ailleurs passer facilement de l'une à l'autre. Ainsi la fonte grise fondue et refroidie brusquement devient blanche, parce que le charbon n'a pas le temps de se séparer de la masse et de cristalliser; et inversement la fonte blanche fondue et refroidie très lentement devient grise.

Gueulard — Récupérateur — Coke et fondant — Cuve — Ventre — Étalages — Ouvrage — Usine — Tuyères — Trou de coulée

L'affinage de la fonte consiste à lui enlever son charbon ainsi que le silicium, le phosphore, etc. On la transforme ainsi en fer ou en acier, et on y parvient par deux procédés.

1° Procédé comtois.
Le four employé est analogue aux forges ordinaires ; la fonte blanche placée sur le charbon de la forge fond bientôt, et en passant devant la tuyère, le carbone de la fonte est brûlé, tandis que le phosphore et le silicium deviennent phosphate et silicate de fer. Le rendement est d'environ 75 p. 100.

2° Procédé anglais. Puddlage.
Le four à puddler est chauffé au rouge blanc par la flamme de la houille, puis on y introduit la fonte blanche, mêlée à une quantité convenable d'oxyde des battitures Fe^3O^4 ; son carbone passe à l'état d'oxyde qui brûle avec une flamme bleue et la matière devient pâteuse ; on la rassemble enfin en une loupe que l'on cingle sous un marteau. Le rendement est 83 p. 100.

Les produits ainsi obtenus se nomment *fers*, quand la proportion de carbone restant varie entre deux et cinq millièmes, et *aciers* quand elle varie entre sept et quinze millièmes. — Le caractère fondamental de l'acier est d'acquérir par la trempe de l'élasticité et une grande dureté. Aussi on l'emploie pour fabriquer des ressorts et surtout des outils tels que râpes, limes, et enfin des instruments tranchants.

Fabrication de l'acier.

1° Décarburation de la fonte.

Four à puddlage.
On peut employer le four à puddlage, mais avec une proportion moindre d'oxyde des battitures. — L'acier ainsi obtenu n'est pas très homogène et il ne sert qu'à faire des instruments grossiers.

Four Martin. (1).
La sole, très vaste, est chauffée avec de l'oxyde de carbone. La fonte est partiellement décarburée par une addition convenable de fer. On peut couler ainsi 20 tonnes d'un fer aciéreux, ayant en charbon une teneur déterminée d'avance.

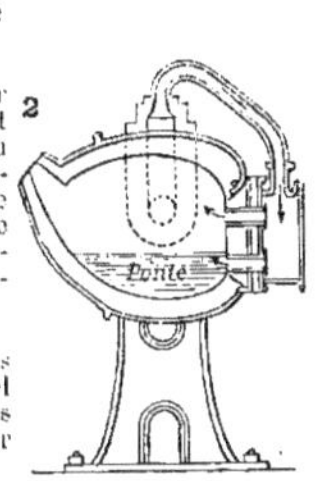

Convertisseur Bessemer. (2).
L'appareil est une espèce de grande cornue, mobile autour d'un axe horizontal, et dans laquelle la fonte blanche est amenée à l'état de fusion. La réduction est faite par un courant d'air qui brûle le charbon, et quand la décarburation est complète, on y ajoute un poids déterminé de fonte riche en manganèse (*Spiegeleisen*), qui donne à la masse une proportion de carbone déterminée d'avance. On produit ainsi des fers aciéreux ou des aciers extra-doux, contenant environ de cinq à six millièmes de carbone.

2° Carburation du fer.
On chauffe des barres de fer, à 1100° environ, pendant quinze jours dans des caisses qui contiennent un mélange de charbon, de cendres et de sel marin (*cément*). La carburation se fait surtout à la surface des barres, mais en les coupant en fragments et en les fondant ensuite, on obtient un acier très homogène (*acier fondu*), employé surtout pour la coutellerie.

Principaux composés du fer.

Oxydes de fer.

Protoxyde FeO.
On peut l'obtenir anhydre, en réduisant le sesquioxyde Fe^2O^3, légèrement chauffé, par l'hydrogène : $Fe^2O^3 + H^2 = H^2O + 2FeO$.
On a ainsi une poudre brune (*fer pyrophorique*) qui s'enflamme spontanément à l'air.
Mais si on précipite un sel de protoxyde de fer par la potasse, on obtient l'hydrate FeO, H^2O, blanc, mais qui, en s'oxydant à l'air, change de couleur et devient finalement ocreux.

Oxyde salin Fe^3O^4.
Est très abondant en Suède et en Norvège et cristallise en octaèdres. Il se produit quand le fer brûle dans l'oxygène ou dans l'air, et quand il décompose la vapeur d'eau au rouge : est attirable par l'aimant, aussi l'appelle-t-on encore oxyde magnétique. — Si on l'envisage comme une combinaison de FeO avec Fe^2O^3, sa constitution sera analogue à celle des sels; d'où le nouveau nom d'*oxyde salin*.

Sesquioxyde Fe^2O^3.
A l'état anhydre ou à l'état hydraté, il constitue des minerais de fer très communs et très employés. On l'obtient anhydre et cristallisé, en calcinant dans un creuset du sulfate de fer et du sel marin qui sert de fondant : $2(SO^4Fe) = Fe^2O^3 + SO^2 + SO^4$.
On l'obtient hydraté, en précipitant un sel de sesquioxyde de fer par l'ammoniaque. Il a alors pour composition $2Fe^2O^3, 3H^2O$, comme la rouille et les oxydes naturels hydratés.
Le grillage des pyrites donne aussi pour résidu l'oxyde anhydre Fe^2O^3, nommé encore *colcothar*, et qu'on emploie à polir le verre ou les métaux.

Chlorures de fer.

Chlorure ferreux $FeCl^2$.
S'obtient anhydre en faisant passer un courant d'acide chlorhydrique sec sur du fer chauffé. Mais en attaquant le fer par HCl, en dissolution, on a le chlorure hydraté $FeCl^2 + 4H^2O$.
Ces deux corps s'altèrent à l'air et n'ont pas d'usages.

Chlorure ferrique Fe^2Cl^6.
On l'obtient en faisant passer un courant de chlore sur du fer légèrement chauffé : on a ainsi des cristaux rouges, très déliquescents et par suite très solubles. La vapeur d'eau les décompose : $Fe^2Cl^6 + 3H^2O = Fe^2O^3 + 6HCl$.
Il est employé en médecine pour coaguler le sang.

Sulfates de fer.

Sulfate ferreux $SO^4Fe + 7H^2O$.

Préparation.
S'obtient en attaquant de la tournure de fer par l'acide sulfurique.
On peut encore exposer à l'air la pyrite FeS^2, ou la griller à basse température : $FeS^2 + O^6 = SO^4Fe + SO^2$.

Propriétés.
Le sulfate ferreux donne des cristaux verts contenant sept molécules d'eau, mais en les chauffant, l'eau disparaît et ils deviennent blancs. Solide ou dissous, ce sel absorbe rapidement l'oxygène de l'air en se changeant en sous-sulfate de sesquioxyde ocreux. La chaleur le décompose à la température du rouge : $2(SO^4Fe) = Fe^2O^3 + SO^2 + SO^3$.
Dans l'industrie, il est connu sous le nom de *vitriol vert* et sert pour la teinture, pour fabriquer l'encre, le bleu de Prusse, etc. Il s'emploie aussi comme désinfectant et comme antiseptique.

Sulfate ferrique $(SO^4)^3Fe^2$.
Ce sel n'a qu'un intérêt théorique, et pour l'obtenir on peut oxyder le sulfate ferreux par l'acide azotique ou par le chlore.

Zinc (Zn).

État naturel. — Le zinc s'extrait de deux minerais que l'on trouve en assez grande abondance en Angleterre, en Belgique et en Silésie : la *calamine*, ou carbonate de zinc, et la *blende*, ou sulfure de zinc.

Métallurgie du zinc. — Pour extraire le métal de ces deux minerais, on le soumet au même traitement, malgré leur différence de composition. Outre les préparations générales nécessaires à tout minerai, le traitement se compose de deux opérations distinctes : 1° *la calcination de la calamine*, pour en chasser l'eau et l'acide carbonique, ou le *grillage de la blende*, pour ramener le sulfure à l'état d'oxyde ; 2° *la réduction* de l'oxyde obtenu dans les deux cas par le charbon.

Le minerai, réduit à l'état d'oxyde par calcination ou grillage, est mélangé avec son volume de coke ou de charbon, et placé dans des cornues que l'on dispose dans des fourneaux à réverbère (1). Le zinc se volatilise et vient se condenser dans des vases froids disposés pour le recevoir. C'est donc toujours par distillation qu'on obtient le zinc, et la forme des cornues ou des fours ne diffère que suivant les pays où s'opère la réduction.

Propriétés. — Le zinc est un métal d'un blanc bleuâtre, assez mou, peu tenace, peu ductile, mais plus malléable que le fer ; fond à 410° ; bout à 930° ; sa densité varie de 6,8 à 7,2. L'oxygène et l'air secs sont sans action sur le zinc ; l'air humide produit à sa surface une couche protectrice de carbonate de zinc. Les acides, même faibles, attaquent le zinc en produisant des sels, généralement incolores et vénéneux.

Usages. — Le zinc a des usages très nombreux. Sa presque inaltérabilité à l'air l'a fait employer, sous forme de lames minces, à la couverture des maisons ; pour la construction des gouttières, des baignoires, des vases à contenir de l'eau, etc. ; il doit être proscrit comme ustensile de ménage par suite des sels vénéneux qu'il forme au contact des acides ; il est employé pour la fabrication d'objets d'art, soit par moulage, soit par estampage. C'est le métal attaquable des piles électriques ; il sert à protéger le fer contre l'oxydation : le dépôt de cette couche de zinc se produit par galvanisation, d'où le nom de fer galvanisé qui lui a été donné ; enfin il entre dans la composition de plusieurs alliages, tels que le **laiton** (*zinc et cuivre*) et le **maillechort** (*zinc, cuivre et nickel*).

Oxyde de zinc (ZnO).

Préparation. — L'oxyde de zinc peut se préparer soit par la calcination du carbonate ou de l'azotate de zinc, soit encore en faisant brûler à l'air des vapeurs de zinc (2).

Propriétés. — L'oxyde de zinc est un corps blanc, jaune quand on le calcine, mais il ne tarde pas à reprendre sa couleur primitive par refroidissement. Il est indécomposable par la chaleur, peu soluble dans l'eau, mais très soluble dans les acides et la potasse. C'est un oxyde indifférent.

Usages. — Délayé dans l'huile siccative, l'oxyde de zinc ou blanc de zinc fournit une peinture blanche qui présente l'avantage de ne pas noircir comme la céruse par les émanations sulfureuses.

Chlorure de zinc ($ZnCl^2$).

Préparation. — Le chlorure de zinc se prépare par évaporation d'une dissolution de zinc dans l'acide chlorhydrique.

Propriétés. — Corps solide, blanc, soluble dans l'eau, fusible et volatil.

Usages. — Le chlorure de zinc est employé comme désinfectant ; pour la conservation des bois, pour le décapage des surfaces métalliques que l'on veut souder à l'étain ; enfin, délayé avec l'oxyde de zinc, il forme la peinture blanche à l'oxychlorure de zinc, analogue à la peinture à l'huile, et qui coûte moitié moins cher.

Sulfate de zinc (SO^4Zn).

Préparation. — Le sulfate de zinc s'obtient par évaporation du résidu de la préparation de l'hydrogène, par l'action de l'acide sulfurique sur le zinc.

Propriétés. — Le sulfate de zinc est blanc ; il est aussi désigné sous le nom de *couperose blanche* ou *vitriol blanc* ; il cristallise en prismes droits, renfermant sept molécules d'eau de cristallisation ; d'une saveur amère, il est vénéneux ; très soluble dans l'eau ; difficilement décomposable par la chaleur.

Usages. — Très employé en teinture pour l'impression des étoffes d'indienne ; la couleur ne prend pas où il est préalablement appliqué ; il est aussi utilisé pour la conservation des bois ; comme désinfectant, et en médecine comme antiseptique.

Étain. — Oxydes d'étain.

Étain (Sn).

État naturel. — L'étain est un des métaux les plus anciennement connus; on le trouve dans la nature à l'état de sulfure, mais surtout à l'état d'oxyde, sous le nom de *cassitérite*, en Angleterre, en Espagne, au Chili, etc.

Métallurgie. — Après avoir fait subir au minerai d'étain le traitement mécanique indispensable à tout minerai, on le dispose par couches alternatives avec du charbon dans *un four à manche*. L'étain s'obtient donc très simplement par la réaction suivante : $SnO^2 + 2CO = Sn + 2CO^2$. L'étain fondu s'écoule dans deux bassins, étagés à la partie inférieure du four (1).

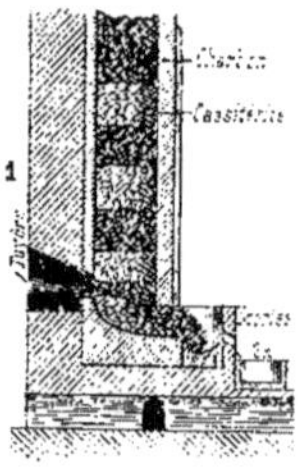

Propriétés. — L'étain est un métal présentant la couleur blanche de l'argent lorsqu'il est pur; il est mou, très malléable, pouvant être réduit en feuilles *de 2 à 3 dix millimètres* d'épaisseur; peu tenace; donnant une odeur caractéristique lorsqu'on le frotte entre les doigts; sa densité est de 7,29; c'est le plus fusible des métaux communs : 228°; il n'est pas volatil; par suite de sa texture cristalline, il fait entendre un bruit particulier quand on le plie, appelé *cri de l'étain*. Il ne s'altère pas sensiblement à l'air, à la température ordinaire, mais à une température élevée il s'oxyde rapidement. L'acide sulfurique à froid ne l'attaque pas, mais l'acide chlorhydrique le dissout à froid, et l'acide azotique l'attaque violemment.

Usages. — Ses usages sont très nombreux. L'étamage du fer et du cuivre en consomme de très grandes quantités; en feuilles minces, il sert à envelopper certaines substances alimentaires pour les préserver de l'action de l'air et de l'humidité; il entre dans la composition de plusieurs alliages tels que le bronze (*étain et cuivre*), la soudure des plombiers (*étain et plomb*); avec le mercure il forme *le tain* des glaces.

Oxydes d'étain.

L'étain forme avec l'oxygène deux composés :

1° Oxyde stanneux (SnO).

Préparation. — On précipite le chlorure stanneux par la potasse :
$$SnCl^2 + 2KOH = 2KCl + SnO^2H^2.$$
L'hydrate ainsi obtenu se transforme en oxyde par l'ébullition.

Propriétés. — Il se présente sous plusieurs aspects; selon son mode de préparation, il est noir, brun ou rouge; chauffé au contact de l'air, il brûle avec incandescence. Cet oxyde n'a qu'un intérêt théorique.

2° Oxyde stannique (SnO)².

État naturel et préparation. — Se trouve dans la nature sous le nom de *cassitérite*. Il peut s'obtenir directement par la calcination du produit résultant de l'action de l'acide azotique sur l'étain.

Propriétés. — L'oxyde stannique est une poudre blanche, insoluble dans l'eau, soluble dans les alcalis.

Usages. — Est employé en teinture comme *mordant*; il entre aussi dans la composition des émaux.

Chlorures d'étain.

Nickel; chlorure et sulfate.

Chlorures d'étain.

On connaît deux chlorures d'étain :

1° Chlorure stanneux ($SnCl^2$).

Préparation. — Il suffit de chauffer l'étain en grenaille dans un courant d'acide chlorhydrique.

Propriétés. — Le chlorure stanneux se présente sous la forme de cristaux brillants; il s'altère au contact de l'air; il est très soluble dans l'eau; c'est un réducteur énergique par suite de la facilité avec laquelle il s'oxyde.

Usages. — Est employé comme *rongeant* dans les fabriques d'indiennes; son action enlève la couleur produite par les oxydes de fer ou de manganèse; cette même propriété le fait employer pour enlever les taches de rouille.

2° Chlorure stannique ($SnCl^4$).

Préparations.

1° *Anhydre.* — En traitant l'étain par un excès de chlore. Il est alors désigné sous le nom de *liqueur fumante de Libavius.*

2° *Hydraté.* — En faisant passer un courant de chlore gazeux sur le chlorure stanneux jusqu'à ce que le liquide ne précipite plus les sels d'or.

Propriétés et usages. — Très grande affinité pour l'eau; se décompose dans un excès d'eau. Un mélange de chlorure stanneux et de chlorure stannique produit *le pourpre de Cassius,* employé pour la dorure sur porcelaine. Le chlorure stannique est aussi utilisé comme mordant.

Nickel (Ni).

État naturel et préparation. — Le nickel existe dans la nature à l'état d'arséniure, sous le nom de *nickeline.* L'extraction du métal est assez compliquée. On fait : 1° *griller les arséniures* pour se débarrasser de la plus grande partie de l'arsenic; 2° *fondre le résidu avec du carbonate de sodium;* il se forme de l'arséniate de sodium soluble dans l'eau, et de l'oxyde de nickel; 3° on *fait dissoudre cet oxyde de nickel par l'acide sulfurique;* 4° on *précipite l'oxyde* par un alcali, tel que la potasse, qui produit l'oxyde hydraté de nickel; 5° *on réduit cet oxyde par le charbon* dans un creuset brasqué.

Propriétés. — Le nickel est un métal présentant l'aspect de l'argent; il est inaltérable à l'air, ductile et malléable; sa densité est de 8,5; il se combine avec le charbon, le soufre et le chlore, et est attaqué par les acides sulfurique, chlorhydrique et azotique.

Usages. — Est employé pour recouvrir les objets en fer ou en acier afin de les préserver de l'oxydation. Cette opération appelée nickelage se fait par électrolyse. Il entre dans la composition de certains alliages tels que le maillechort, la petite monnaie de certains États, tels que la Belgique, etc.

Chlorure de nickel ($NiCl^2$).

Préparation. — S'obtient en faisant passer un courant de chlore sec sur du nickel chauffé au rouge.

Propriétés. — Présente l'aspect de paillettes jaune d'or. Dissous dans l'eau, il produit des cristaux verts d'émeraude. Ce corps n'offre qu'un intérêt théorique.

Sulfate de nickel (SO^4Ni).

Préparation et propriétés. — S'obtient en attaquant à chaud le nickel par l'acide sulfurique. Par évaporation on obtient des cristaux verts de sulfate de nickel, renfermant sept molécules d'eau de cristallisation : $SO^4Ni + 7H^2O$.

Usages. — Le sulfate double de nickel et d'ammonium est employé pour le nickelage.

Cuivre.

Etat naturel.

Le cuivre se rencontre dans la nature, à l'état natif, en Amérique, au Chili, au Pérou et aux environs du lac Supérieur. A l'état de minerai, il est très abondant en Angleterre où on le trouve à l'état de sous-oxyde (Cu^2O), sous le nom de *cuprite*; dans les monts Ourals, à l'état de sulfure, sous le nom de *chalcosine*. Mais le minerai le plus abondant est la pyrite cuivreuse (Cu^2S, Fe^2S^3) désignée sous le nom de *chalcopyrite*.

Métallurgie.

1° Minerais à l'état d'oxyde ou de carbonate.

L'extraction du cuivre de ces minerais est très facile : il suffit en effet de réduire les minerais par le charbon.

2° Minerais à l'état de pyrite.

Le traitement métallurgique de ce minerai est assez compliqué : il a pour but de débarrasser la chalcopyrite, généralement employée pour l'extraction du cuivre, du soufre et du fer qu'elle contient. Pour cela on commence : 1° par faire subir au minerai les *opérations mécaniques* générales.

2° *Le grillage des pyrites.* Par cette opération, une partie du soufre passe à l'état d'anhydride sulfureux et les métaux désulfurés passent à l'état d'oxydes (1).

3° *Fusion de la masse obtenue*, mélangée avec de la silice, dans un four à réverbère. Il se forme du silicate de fer qui surnage et du sous-sulfure de cuivre Cu^2S qui tombe au fond. Ce sous-sulfure est appelé *matte*.

4° Cette opération de grillage et de fusion est recommencée plusieurs fois avec les mattes pour enlever tout le fer qui peut rester; la dernière matte obtenue est blanche.

5° On grille cette matte blanche à une température voisine de celle du point de fusion : une partie du sulfure est ainsi transformée en oxyde, et enfin,

6° Dans une dernière fusion l'oxyde et le sulfure réagissent pour donner le cuivre brut, avec dégagement d'anhydride sulfureux : $Cu^2S + 2CuO = 4Cu + SO^2$.

Le cuivre ainsi obtenu est impur et de couleur noirâtre. Pour le raffiner, on le fond en présence d'argile, de charbon et d'un fort courant d'air; on obtient ainsi du *cuivre rosette* qui contient encore un peu d'oxyde cuivreux (Cu^2O). Cet oxyde est réduit par le charbon de bois, et on agite le mélange avec un bâton de bois vert qui donne des gaz réducteurs. Le cuivre impur peut être aussi affiné *par voie d'électrolyse* dans une dissolution de sulfate de cuivre. A Baltimore, une seule usine de ce genre produit 50 tonnes de cuivre pur par jour. Le procédé a d'ailleurs été perfectionné en chauffant le bain de sulfate de cuivre et en y faisant passer un courant d'air qui précipite le fer à l'état de sesquioxyde.

3° Minerais argentifères.

Lorsque le minerai de cuivre est argentifère, c'est dans le *cuivre noir* que se trouve tout l'argent. On l'en retire par la méthode de *liquation* qui consiste à mêler au cuivre fondu une certaine quantité de plomb. L'alliage est refroidi brusquement et coulé en disques que l'on réchauffe ensuite très lentement. Le plomb, en fondant, entraine avec lui tout l'argent et celui-ci est retiré de l'alliage par coupellation.

Cuivre.

Propriétés. Le cuivre est un métal d'une belle couleur rouge, d'une densité égale à 8,8; très ductile et très malléable; susceptible de prendre un beau poli; par le frottement entre les doigts, il acquiert une odeur particulière et désagréable; il est très bon conducteur de la chaleur et de l'électricité; fond à la température de 1200°; se volatilise à une température très élevée en colorant la flamme en vert.

Le cuivre a peu d'affinité pour l'oxygène. A la température ordinaire, il se conserve sans altération dans l'air et l'oxygène secs; mais en présence de l'eau il se recouvre d'une pellicule verdâtre de carbonate de cuivre, désigné vulgairement sous le nom de *vert-de-gris*; à la température du rouge, il s'oxyde rapidement et devient noir. Sous l'influence des acides faibles et des corps gras, le cuivre produit des sels vénéneux; le contrepoison de ces sels est le blanc d'œuf ou albumine. Ce fait explique pourquoi les ustensiles de cuivre doivent être proscrits des cuisines, à moins qu'ils ne soient étamés. Le cuivre n'est attaqué par l'acide sulfurique que lorsqu'il est concentré et bouillant; il se dissout à froid dans l'acide azotique : cette réaction est utilisée dans la préparation du bioxyde d'azote. En présence de l'ammoniaque, il s'oxyde directement à l'air en formant de l'oxyde de cuivre et de l'azotite d'ammonium qui donnent, avec l'excès d'ammoniaque, une liqueur bleue qui dissout la cellulose.

Usages. Après le fer, c'est le métal le plus employé dans l'industrie; ses usages sont très nombreux. Réduit en lames, il sert à la fabrication des chaudières, des alambics, des ustensiles de ménage; il est utilisé encore au doublage des navires; réduit en fil, il sert de conducteur à l'électricité. La galvanoplastie, le prenant à l'état de sulfate de cuivre, en fabrique une foule d'objets; enfin l'industrie en fait de grandes consommations pour la fabrication d'alliages d'or et d'argent; pour le laiton (*zinc et cuivre*), pour les bronzes (*cuivre, zinc et aluminium*).

XXV. — Oxydes, sulfures, chlorures, sulfate et carbonates de cuivre.

Oxydes de cuivre. — **Oxydes de cuivre.**

1° Oxyde cuivreux (Cu^2O).

État naturel et préparation. Se trouve dans la nature à l'état de minerai de cuivre sous le nom de *cuprite*. Il est d'un rouge rosé, et cristallisé en octaèdres réguliers. On le prépare en faisant bouillir une dissolution d'acétate de cuivre avec du sucre.

Propriétés et usages. Poudre rouge, employée pour colorer le verre en rouge pourpre. En précipitant le sous-chlorure de cuivre par la potasse, on l'obtient à l'état d'hydrate; il est alors amorphe et de couleur jaune.

Oxyde cuivrique (CuO).

Préparation. On obtient l'oxyde cuivrique soit en grillant la tournure de cuivre au contact de l'air, soit encore par la calcination de l'azotate de cuivre.

Propriétés. C'est un corps solide, amorphe, pulvérulent, presque noir, de densité égale à 6,4, facilement réductible par l'hydrogène et le charbon. On obtient un hydrate cuivrique $Cu(OH)^2$ en versant une dissolution alcaline dans un sel de cuivre. Cet hydrate a une couleur bleue, il est insoluble dans l'eau, très soluble dans l'ammoniaque, où il produit une belle liqueur bleue (*eau céleste*). La dissolution ammoniacale de l'oxyde, connue sous le nom de *liqueur de Schweitzer*, a la propriété de dissoudre la cellulose.

Usages. L'oxyde cuivrique est employé dans les laboratoires, pour l'analyse des matières organiques, comme oxydant, et dans l'industrie pour colorer en vert les verres et les cristaux.

Magnésium. — Magnésie, carbonate et sulfate.

Le magnésium est très abondant dans la nature sous forme d'oxyde, de chlorure, de silicate, de sulfate et de carbonate.

Magnésium (Mg).

Préparations

chimique.
Il a été découvert par Bussy qui décomposait le chlorure de magnésium anhydre par le sodium $MgCl^2 + 2Na = 2NaCl + Mg$. Ce même procédé a été ensuite perfectionné par Deville et Caron, qui ajoutaient au mélange précédent des fondants, tels que le chlorure de potassium, le fluorure de calcium, etc.

par l'électrolyse.
Aujourd'hui on électrolyse de la carnallite fondue dans un creuset en fer dont le couvercle laisse passer un tube de porcelaine poreuse percé de trous à la partie inférieure et contenant l'anode en charbon. Le *creuset chauffé par un foyer* est en acier et sert de cathode. Le magnésium se dépose sur les parois du creuset et se trouve en présence d'une atmosphère de gaz d'éclairage. — Le chlore dégagé au pôle positif est absorbé par une lessive de soude (1).

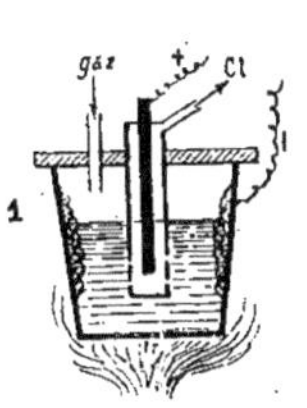

Propriétés.
Le magnésium est un métal blanc, rappelant l'aspect de l'argent; il est malléable et fusible à la température du rouge; sa densité est de 1,75. Il est inaltérable à l'air sec, mais s'oxyde à l'air humide. Il brûle en donnant de la magnésie et en produisant une flamme douée d'un *très bel éclat et très photogénique.* Ses propriétés chimiques le rapprochent du zinc.

Usages.
Est utilisé pour l'éclairage dans les souterrains ou dans les grottes; pour des signaux en mer ou sur les côtes; pour photographier la nuit ou dans les grottes.

Oxyde de magnésium ou magnésie (MgO).

Préparations.
L'oxyde de magnésium ou magnésie se prépare par la calcination de l'hydrocarbonate de magnésium : il se dégage de la vapeur d'eau et de l'anhydride carbonique; le résidu est de la magnésie connue dans le commerce sous le nom de magnésie calcinée.

Propriétés.
C'est une substance blanche, pulvérulente, inodore, de saveur amère, *infusible;* d'une densité égale à 2,3, peu soluble dans l'eau.

Usages.
C'est le contre-poison des acides et particulièrement de l'acide arsénieux; la médecine l'emploie pour saturer les acides qui provoquent les aigreurs d'estomac pendant les mauvaises digestions; fortement calcinée, elle peut être employée pour la fabrication de creusets réfractaires et de crayons pour la lumière oxhydrique Drummond.

Carbonate de magnésium (MgCO³).

1° Carbonate neutre.
Se trouve dans la nature à l'état de pureté, amorphe et quelquefois cristallisé en rhomboèdres, sous le nom de *giobertite.* Le plus souvent il est associé au carbonate de calcium et forme alors une substance minérale désignée sous le nom de *dolomie.*

2° Carbonate basique.
C'est la magnésie blanche des pharmaciens; elle est formée d'un carbonate et d'un hydrate de magnésium, ce qui la fait appeler encore *hydrocarbonate de magnésie.* Elle a pour formule : $3CO^3Mg + MgO^2H^2 + 3H^2O$.

Préparation.
On prépare ce sel en précipitant par le carbonate de sodium une solution bouillante de sulfate de magnésie.

Usages.
Elle est employée en médecine pour combattre les aigreurs d'estomac, et elle sert à préparer la magnésie calcinée.

Sulfate de magnésium.

Etat naturel et préparation.
Existe en dissolution dans certaines eaux purgatives naturelles, telles que celles d'Epsom en Angleterre, de Sedlitz et de Pullna en Bohême. En faisant évaporer ces eaux on obtient le sulfate de magnésium. La présence de la magnésie dans ces eaux purgatives paraît résulter de l'action des eaux séléniteuses sur les sels de magnésie, avec lesquelles elles ont été en contact. On l'obtient directement en faisant passer plusieurs fois une dissolution saturée de sulfate de calcium sur une couche de calcaire magnésien.

Propriétés.
C'est un sel blanc, d'une saveur amère et salée; soluble dans l'eau, cristallisant en fines aiguilles contenant sept molécules d'eau de cristallisation.

Usages.
Est employé en médecine, comme purgatif, à la dose de 10 grammes à 50 grammes.

Sulfures, chlorures, sulfate et carbonates de cuivre.

Sulfures de cuivre.	1° Sulfure cuivreux (Cu^2S).	*État naturel et préparation.*	Se trouve dans la nature sous la forme d'un minerai noirâtre, de faible éclat métallique et désigné sous le nom de *chalcosine*. On le prépare en chauffant dans un ballon du soufre et de la tournure de cuivre.
		Propriétés.	C'est un corps solide, de couleur noire, insoluble, inaltérable par la chaleur. Pas d'usages. Ce corps ne présente qu'un intérêt théorique.
	2° Sulfure cuivrique (CuS).	*Préparation.*	Le sulfure cuivrique s'obtient en faisant passer un courant d'hydrogène sulfuré dans un sel de cuivre.
		Propriétés.	C'est une substance noire, pulvérulente, s'oxydant facilement et se transformant en sulfate; se décomposant sous l'action de la chaleur en soufre et sulfure cuivreux.
Chlorures de cuivre.	1° Chlorure cuivreux (Cu^2Cl^2).	*Préparation.*	On l'obtient par l'action à chaud, sur la tournure de cuivre, de l'acide chlorhydrique, additionné de quelques gouttes d'acide azotique.
		Propriétés.	Le chlorure cuivreux est une poudre blanche, presque insoluble dans l'eau, mais soluble dans l'acide chlorhydrique et l'ammoniaque. Cette dissolution est le réactif du gaz acétylène avec lequel il forme l'*acétylure de cuivre* ($C^2H^2Cu^2O$).
	2° Chlorure cuivrique ($CuCl^2$).	*Préparation.*	On le prépare en dissolvant le cuivre dans l'eau régale et en évaporant la dissolution, ou bien encore en dissolvant l'oxyde cuivrique dans l'acide chlorhydrique.
		Propriétés et usages.	C'est un corps solide, donnant des cristaux verts, contenant deux molécules d'eau ($CuCl^2 + 2H^2O$) et solubles dans l'eau et dans l'alcool. Le chlorure cuivrique, en se combinant avec l'oxyde cuivrique, forme des oxychlorures dont le plus important $CuCl^2, 3CuO + 3H^2O$ donne une belle couleur verte, utilisée en peinture.
Sulfate de cuivre ($SO^4Cu + 5H^2O$).		*Préparation.*	On le prépare dans les laboratoires en chauffant le cuivre avec l'acide sulfurique concentré : $Cu + 2SO^4H^2 = SO^4Cu + SO^2 + 2H^2O$. Dans l'industrie, on l'obtient en grillant à l'air les sulfures de cuivre naturels ou artificiels. On a ainsi des sulfates qui, dissous dans l'eau, cristallisent par évaporation.
		Propriétés.	Le sulfate de cuivre, désigné encore sous le nom de *couperose bleue* ou de *vitriol bleu*, se présente sous la forme de cristaux bleus, renfermant cinq molécules d'eau. Il est d'une saveur astringente, soluble dans l'eau, décomposable au rouge et par le courant électrique.
		Usages.	C'est un sel vénéneux, employé en médecine comme antiseptique; il sert à fabriquer un certain nombre de matières colorantes, telles que les *verts de Scheele* et de *Schweinfurt*. Il est employé en teinture pour teindre en noir et en marron; il sert à chauler les blés, en détruisant un champignon particulier, l'*urédo*, qui se développe dans les grains; il est aussi utilisé pour la conservation des bois; pour préserver les vignes contre le *black-rot*; enfin la galvanoplastie et l'électrochimie en consomment de grandes quantités.
Carbonates de cuivre.		*État naturel et préparation.*	Les carbonates se trouvent dans la nature à l'état d'hydrocarbonatés sous deux formes différentes : 1° *la malachite* : $CO^3Cu + Cu(OH)^2$; 2° *l'azurite* : $2CO^3Cu + Cu(OH^4)$. On peut les obtenir artificiellement. Pour les préparer, on précipite à froid le sulfate de cuivre par un carbonate alcalin. Le produit obtenu a la même composition que la malachite.
		Propriétés et usages.	La malachite est une pierre verte et d'aspect marbré : elle est susceptible d'un très beau poli et est employée pour la fabrication d'objets d'art. Le produit artificiel obtenu est utilisé en peinture sous le nom de *vert de Brunswick*. L'azurine se présente sous la forme d'une pierre bleue, qui, réduite en poudre, est utilisée en peinture et dans la fabrication des papiers peints sous le nom de *cendres bleues* ou *bleu de montagne*.

Plomb.

Etat naturel.

Le plomb se rencontre dans la nature à l'état de phosphate, d'arséniate, de carbonate et de sulfure. On ne l'extrait que du carbonate, désigné sous le nom de *cérusite*, et du sulfure ou *galène*.

Métallurgie.

1° Extraction du plomb de la cérusite.

Il suffit de chauffer le carbonate de plomb dans un four à manche avec du charbon. Le mé[...] liquide se rassemble au fond du creuset. Le carbonate de plomb étant peu répandu dans la nature, le plomb s'extrait surtout de la galène.

2° Extraction du plomb de la galène.

1° Méthode de réduction.

Ce procédé est employé pour les minerais pauvres et dont la gangue est très siliceuse. Il consiste à réduire la galène en la chauffant avec de vieilles ferrailles dans un four à cuve. On a la réaction suivante : $PbS + Fe = FeS + Pb$. Le sulfure de fer surnage et le plomb s'écoule dans un bassin situé à la base inférieure du four, où il est purifié en le brassant avec du bois vert.

2° Méthode par grillage ou réaction (1).

Ce procédé est employé pour les minerais riches et dont la gangue est peu siliceuse. Il consiste à griller le minerai sur la sole concave d'un four à réverbère, où l'air arrive par des ouvertures latérales. Il se produit de l'oxyde de plomb, du sulfate de plomb et de l'anhydride sulfureux qui se dégage. Lorsqu'on juge que le grillage est terminé, on ferme toutes les ouvertures du fourneau et on chauffe fortement. Le sulfure, le sulfate et l'oxyde de plomb réagissent l'un sur l'autre, et des réactions qui se produisent résultent du plomb à l'état métallique, recueilli dans une concavité de la sole du four, et de l'anhydride sulfureux qui se dégage. Il se produit les deux réactions suivantes :

$$1° \quad PbS + 2PbO = 3Pb + SO^2; \qquad 2° \quad PbS + SO^4Pb = 2Pb + 2SO^2.$$

Traitement du plomb argentifère.

Le plomb ainsi obtenu est appelé plomb d'œuvre : il renferme presque toujours une certaine quantité d'argent qu'il y a intérêt à extraire. On obtient ce résultat par la double opération de *la cristallisation* et de *la coupellation*.

Propriétés.

Le plomb est un corps solide, d'un gris bleuâtre, de densité égale à 11,4, fondant vers 330°, très mou, pouvant être rayé par l'ongle et coupé au couteau, très malléable, d'une ténacité très faible. Est attaqué à *sa surface* par l'air, qui forme avec lui une mince couche protectrice de sous-oxyde de plomb (Pb^2O). L'eau pure et aérée l'attaque en formant de l'hydrocarbonate de plomb, cause de la détérioration des toitures en plomb; les eaux de sources ou de rivières ne l'attaquent au contraire que très faiblement, mais l'acide azotique le dissout à froid en produisant du bioxyde d'azote et de l'azotate de plomb.

Action physiologique.

Le plomb est un métal extrêmement vénéneux. Les ouvriers qui travaillent ce métal ou ses composés subissent souvent un empoisonnement chimique qui peut être très grave. Cet empoisonnement se manifeste d'abord par de violentes coliques, désignées sous le nom de *coliques saturnines*. Le contrepoison employé est l'iodure de potassium.

Usages.

Les usages du plomb sont très nombreux. Réduit en feuilles, il est quelquefois employé pour recouvrir les toitures; il sert surtout à la fabrication des tuyaux de conduite d'eau de sources et de rivières, et du gaz d'éclairage; on le réduit en grains pour la chasse; il entre dans la composition des caractères d'imprimerie, etc.

XXVII. — Oxydes, sulfure, chlorure, sulfate et carbonate de plomb.

Oxydes, sulfure, chlorure et sulfate de plomb.

Oxydes de plomb.	**Généralités.**		Le plomb en se combinant avec l'oxygène forme plusieurs composés dont les plus importants sont : 1° *le protoxyde* (PbO); 2° *l'oxyde salin* ou *minium* (Pb^3O^4) et 3° *le bioxyde* (PbO^2).
	1° Protoxyde de plomb (PbO).	*Préparation.*	Le protoxyde de plomb s'obtient par la calcination du plomb à l'air. Si la température est inférieure à celle du point de fusion de l'oxyde, la poudre jaune obtenue est appelée *massicot*; si le massicot a été fondu, il présente des aspects différents et porte le nom de *litharge*.
		Propriétés et usages.	Le massicot se présente sous la forme d'une poudre jaune, amorphe, très peu soluble dans l'eau. La litharge sert à la préparation de l'acétate de plomb et par suite de la céruse; elle rend l'huile de lin siccative; elle est aussi utilisée pour produire certaines belles couleurs jaunes.
	2° Oxyde salin ou minium (Pb^3O^4).	*Préparation.*	Le minium se prépare en chauffant le massicot au contact de l'air et à une température d'environ 500°. Les miniums du commerce ont différentes compositions.
		Propriétés et usages.	Le minium est un corps solide, d'un rouge brillant et utilisé en peinture, dans la fabrication du papier peint, du strass, du flint-glass, du cristal et des glaces.
	3° Bioxyde de plomb (PbO^2).	*Préparation.*	Le bioxyde de plomb se prépare en attaquant à chaud le minium par l'acide azotique étendu d'eau.
		Propriétés.	C'est un corps solide, d'une couleur brune, ce qui le fait désigner encore sous le nom d'*oxyde puce*; insoluble dans l'eau; la chaleur le ramène à l'état de protoxyde, de là ses propriétés oxydantes. Au contact de l'acide sulfureux, il forme, avec dégagement de chaleur, du sulfate plombique : $PbO^2 + SO^2 = SO^4Pb$. — Il n'a guère d'usages que dans les laboratoires pour les analyses.
Sulfure de plomb (PbS).	*État naturel.*		C'est le plus important et le plus abondant des minerais de plomb; il est désigné sous le nom de galène.
	Propriétés et usages.		C'est un corps solide, de couleur grisâtre, de densité égale à 7,4; s'oxydant facilement à l'air; employé en métallurgie pour l'extraction du plomb, et réduit en poudre très fine pour le vernissage des poteries grossières.
Chlorure de plomb ($PbCl^2$).	*Préparation.*		On obtient le chlorure de plomb en traitant la dissolution concentrée d'un sel de plomb par l'acide chlorhydrique.
	Propriétés et usages.		C'est un corps blanc, peu soluble dans l'eau, se volatilise au rouge. Au contact de l'air, se transforme en oxychlorures et produit ainsi plusieurs couleurs jaunes employées en peinture sous les noms de *jaune de Paris*, *jaune de Vérone*, *jaune de Turner*, etc.
Sulfate de plomb (SO^4Pb).	*État naturel et préparation.*		Le sulfate de plomb existe dans la nature sous le nom d'*anglésite*. On peut l'obtenir artificiellement par décomposition d'un sel de plomb par un sulfate soluble ou par l'acide sulfurique agissant directement sur le plomb.
	Propriétés.		Le sulfate de plomb est une poudre blanche, anhydre, insoluble dans l'eau, indécomposable par la chaleur. C'est un produit qui s'obtient en grand industriellement, dans la préparation de l'acétate d'alumine, par l'action de l'alun sur l'acétate de plomb. Ce produit n'a pas d'usages importants.

Carbonate de plomb.

Carbonate de plomb et céruse $2CO^3Pb + Pb(OH)^2$.

État naturel. — Le carbonate de plomb existe anhydre dans la nature, sous le nom de *cérusite*. Dans le commerce, le carbonate de plomb est désigné sous le nom de céruse; c'est un hydrocarbonate dont la composition s'écarte peu de la formule $2CO^3Pb + Pb(OH)^2$.

Préparations.

1° *Procédé de Clichy* — Cette méthode, imaginée par Thénard, et qui n'est guère plus employée aujourd'hui, consiste à faire passer un courant de gaz carbonique dans une dissolution d'acétate tribasique de plomb. La céruse est précipitée et séparée de la liqueur par décantation.

2° *Procédé hollandais* — Pour obtenir le carbonate de plomb par ce procédé, on introduit dans des pots en grès, vernis à l'intérieur, du vinaigre de qualité inférieure, et au-dessus de la couche de vinaigre, sur un rebord situé dans l'intérieur du pot, une mince lame de plomb, enroulée en spirale (1). Ces pots, recouverts encore de lames ou de grilles de plomb, sont placés sous une couche épaisse de fumier. Voici les réactions qui se produisent : 1° le fumier, entrant en fermentation, développe une grande quantité de chaleur qui a pour effet de faire évaporer le vinaigre, et sous son action, combinée à celle de l'oxygène et de l'air, le plomb se transforme en acétate tribasique :

$$4Pb + 4O + 2C^2H^3O^2 = [(C^2H^3O^2)^2Pb + 2PbO] + Pb(OH)^2.$$

La fermentation du fumier produit encore du gaz carbonique qui, réagissant sur les produits précédents, donne de l'acétate neutre de plomb et de la céruse :

$$[(C^2H^3O^2)^2Pb + 2PbO] + Pb(OH)^2 + 2CO^2 = (C^2H^3O^2)^2Pb + [2CO^3Pb + Pb(OH)^2].$$

céruse.

3° *Procédés par électrolyse* — 1° On peut soumettre à l'électrolyse une solution à 15 p. 100 d'acide nitrique au moyen d'électrodes en plomb et en faisant passer un courant continu d'anhydride carbonique dans le bain (Hovens).

2° On électrolyse une solution d'acétate d'ammonium avec des électrodes en plomb; il se produit de l'acétate de plomb qui est ensuite additionné de carbonate d'ammonium en dehors de la cuve. On obtient ainsi un précipité de céruse et l'acétate d'ammonium est régénéré. — La céruse obtenue paraît être plus pure que par le procédé de Clichy, mais cette nouvelle méthode est peu avantageuse comme rendement.

Propriétés. — La céruse est une substance blanche, pulvérulente, insoluble dans l'eau, mais légèrement dans l'eau chargée d'acide carbonique; très soluble dans les acides; se décompose sous l'action de la chaleur; comme tous les sels de plomb, noircit au contact de l'acide sulfhydrique; mélangée à l'huile siccative de lin, elle forme une pâte liante; son action sur le tube digestif produit des accidents assez graves : *les coliques de plomb*.

Usages. — La céruse est très employée en peinture, où elle forme la base de toutes les peintures à l'huile; la pâte qu'elle forme avec l'huile *couvre* bien, c'est-à-dire qu'il suffit d'une mince couche pour masquer les fibres du bois ou la trame des toiles; elle est aussi utilisée pour la fabrication du *mastic des vitriers*.

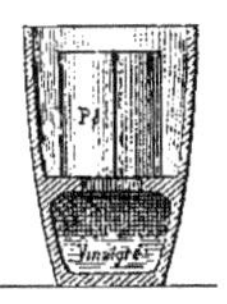

Mercure.

Etat naturel.

Le mercure se trouve dans la nature à l'état de sulfure, sous le nom de *cinabre*. Les principaux centres d'extraction de ce minerai se trouvent à *Almaden* en Espagne, et à *Idria* en Illyrie.

Métallurgie.

Le traitement est des plus simples ; il consiste à griller le cinabre concassé dans un courant d'air. Le soufre s'élimine à l'état d'anhydride sulfureux et les vapeurs métalliques de mercure se condensent dans le long parcours qu'elles ont à effectuer : $HgS + 2O = Hg + SO^2$. Cette condensation s'opère dans une série d'allonges appelées *aludels (fours d'Almaden)* (2) et dans des tuyaux (*fours d'Idria*) (1). Le mercure se transporte dans des bouteilles de fer forgé.

Propriétés.

C'est le seul métal liquide à la température ordinaire ; il est blanc, brillant : se solidifie à — 40°, bout à 357° ; sans saveur ni odeur ; c'est le métal qui se dilate le plus régulièrement par l'action de la chaleur ; sa densité est de 13,596 ; à la température ordinaire, il émet des vapeurs, mais très faiblement ; les intoxications mercurielles produites chez les ouvriers qui manient le mercure sont la preuve de cette vaporisation. L'oxydation du mercure se produit très lentement à la température ordinaire au contact de l'air : il se produit Hg^2O qui salit les tubes de verre ; à chaud l'oxydation est au contraire rapide ; il se forme du bioxyde de mercure (HgO) (*Expérience de Lavoisier*). Le chlore l'attaque même à froid. Les acides étendus sont sans action sur lui, sauf l'acide azotique étendu qui l'attaque même à froid ; il s'allie avec plusieurs métaux pour former des amalgames.

Action physiologique.

Le mercure est un poison violent ; même à très faible dose, il exerce une action toxique sur l'économie animale, intoxication qui se traduit d'abord par une salivation abondante et se continue par un tremblement, connu sous le nom de *tremblement mercuriel*. Son contrepoison particulier est l'iodure de potassium.

Usages.

Le mercure a de nombreux usages. Il est utilisé pour la construction d'un grand nombre d'appareils de physique (*baromètres, thermomètres, manomètres, etc.*) ; il est employé pour l'extraction des métaux précieux par *amalgame* ; il sert à l'étamage des glaces ; enfin la médecine l'utilise sous forme d'*onguent*.

Mercure. Principaux composés.

Le chlore se combine directement avec le mercure pour donner le chlorure mercureux (Hg^2Cl^2) ou le chlorure mercurique ($HgCl^2$) suivant que le mercure ou le chlore est en excès.

Chlorures de mercure.

1° Chlorure mercureux (Hg^2Cl^2).

Préparation. — Se prépare en chauffant au bain de sable, dans un matras de verre à fond plat, un mélange de sulfate mercureux et de chlorure de sodium : $SO^4Hg^2 + 2NaCl = Hg^2Cl^2 + SO^4Na^2$. Le chlorure mercureux est pulvérisé et lavé avec soin, afin d'éviter toute trace de chlorure mercurique.

Propriétés. — C'est une poudre blanche, inodore, insoluble dans l'eau froide et dans l'alcool ; le chlore le dissout et le transforme en chlorure mercurique. La lumière le décompose lentement : $Hg^2Cl^2 = Hg + HgCl^2$.

Usages. — La médecine l'emploie comme vermifuge et purgatif; il est aussi utilisé dans les maladies scrofuleuses.

2° Chlorure mercurique ou bichlorure de mercure ou sublimé corrosif ($HgCl^2$).

Préparation. — La préparation du chlorure mercurique est analogue à celle du chlorure mercureux : on chauffe du sulfate mercurique au lieu du sulfate mercureux, toujours avec le chlorure de sodium. On a : $SO^4Hg + 2NaCl = HgCl^2 + SO^4Na^2$. Comme le chlorure mercurique est un poison très violent, il est indispensable de faire cette préparation sous une cheminée à fort tirage, afin d'éviter l'action délétère des vapeurs qui se dégagent.

Propriétés. — On peut obtenir le chlorure mercurique sous forme de cristaux blancs, par sublimation. Ces cristaux sont solubles dans l'eau, l'alcool et l'éther. Son antidote est l'albumine.

Usages. — Est employé dans certaines préparations pharmaceutiques, mélangé à de l'albumine, pour en atténuer ses effets toxiques ; il rend imputrescibles les matières albuminoïdes; de là son emploi pour les préparations d'histoire naturelle.

Le soufre se combine avec le mercure pour former deux composés.

Sulfures de mercure.

1° Sulfure mercureux (Hg^2S). — Ce composé, qui n'a qu'une importance théorique, s'obtient sous forme de poudre noire quand on fait passer un courant d'hydrogène sulfuré sur un sel mercureux :

$$(AzO^3)^2Hg^2 + H^2S = Hg^2S + 2AzO^3H.$$

2° Sulfure mercurique (HgS).

État naturel et préparation. — C'est le minerai exploité sous le nom de *cinabre* pour obtenir le mercure. Il peut se préparer artificiellement en faisant passer un courant d'hydrogène sulfuré sur un sel mercurique ; mais en général, il s'obtient par la sublimation d'un mélange intime de mercure et de soufre.

Propriétés. — C'est un produit cristallisé, de couleur rouge, qui se décompose lorsqu'il est chauffé au contact de l'air : $HgS + O^2 = Hg + SO^2$.

Usages. — Employé en peinture sous le nom de vermillon : il sert à la coloration de la cire à cacheter. Quant au minerai, on en extrait le mercure.

XXIX. — Argent. — Principaux composés.

État naturel. — L'argent se trouve quelquefois dans la nature à l'état natif, et en masses très considérables, mais le plus souvent, il existe à l'état de minerai, principalement de sulfure (Ag^2S) sous le nom d'*argyrose*. Les plus riches mines d'argent se trouvent en Amérique, au Pérou, au Mexique, au Chili, etc. Celles de Saxe et de Norvège sont, en Europe, les plus importantes.

Principe de la méthode. — L'extraction de l'argent de ses minerais est très compliquée. On commence d'abord par le transformer en chlorure et on décompose ensuite ce chlorure par le fer. L'argent obtenu est dissous dans le mercure, et en distillant l'amalgame, le mercure se volatilise et l'argent reste. Deux méthodes principales sont employées pour arriver à ce résultat.

1° Méthode saxonne ou procédé de Freiberg. — Elle n'est employée que pour les minerais très pauvres, ne contenant pas plus de 2 à 3 millièmes d'argent. Le minerai est d'abord débarrassé de sa gangue, puis concassé, mélangé à 10 p. 100 de sel marin et grillé sur la sole d'un four à réverbère. Dans cette opération, le soufre des pyrites se transforme en anhydride sulfureux et en acide sulfurique qui, agissant sur le chlorure de sodium, le transforme en sulfate de sodium, et le chlore du sel marin décomposé s'unit à l'argent pour former du chlorure d'argent. La masse ainsi obtenue est pulvérisée et portée dans des tonneaux mobiles autour d'un axe horizontal, avec de l'eau et des lames de fer. Le fer, au contact du chlorure d'argent, s'empare du chlore et met l'argent en liberté. Lorsque, par le mouvement de rotation du tonneau, cette réaction s'est opérée, on introduit dans le tonneau, *dit d'amalgamation*, et par petites quantités, du mercure qui dissout l'argent. L'amalgame recueilli est fortement comprimé dans des sacs en toile, afin d'en extraire l'excès de mercure qu'il peut renfermer, puis séché et distillé dans des appareils spéciaux, dits *chandeliers de Freiberg* (1). L'argent ainsi obtenu contient encore de 20 à 25 p. 100 de cuivre.

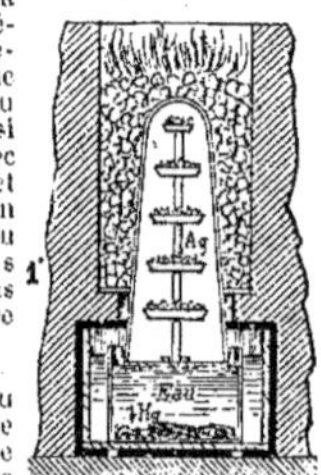

2° Méthode américaine. — Cette méthode n'est employée que pour les minerais qui ne renferment pas de cuivre ou bien pour ceux qui en sont très riches. Elle diffère surtout de la précédente en ce qu'elle se fait à froid, mais c'est une opération très longue; elle se pratique au Mexique, à cause de la rareté du combustible. Le minerai, après avoir été pulvérisé, est étendu sur une aire plane, et mélangé de 2 p. 100 de chlorure de sodium; là, il y est piétiné par des mules pendant quelques heures. On y ajoute ensuite 2 p. 100 environ de sulfate de cuivre impur, et on fait piétiner de nouveau. Il se forme alors du sulfate de sodium et du chlorure de cuivre qui, réagissant sur le sulfure d'argent, le transforme en chlorure d'argent. On ajoute alors du mercure, et on fait piétiner avec des intervalles de repos plus ou moins longs. On obtient ainsi du chlorure de mercure, et l'argent mis en liberté s'amalgame avec le reste du mercure. Cette amalgamation se fait très lentement et ne se produit d'une façon complète qu'après deux ou trois mois. Lorsque cette opération est jugée terminée, l'amalgame est recueilli, lavé à grande eau et soumis à une distillation analogue à celle du procédé de Freiberg.

3° Méthode électrique. — L'argent qui est extrait du plomb par coupellation contient environ 95 p. 100 d'argent, mais on peut le purifier par électrolyse. On le dissout dans l'acide azotique, et dans ce bain de nitrate d'argent faible, on fait passer un courant à la tension de 1 volt et demi. On arrive ainsi à faire déposer 1 000 kilogrammes d'argent pur par jour.

Propriétés. L'argent est le plus blanc des métaux ; c'est aussi celui qui est capable de prendre le plus beau poli ; sa densité est de 10,5 ; il est plus dur que l'or, mais plus mou que le cuivre ; il est très malléable et très ductile ; il fond vers 1 000° environ ; il ne s'oxyde à aucune température. La plupart des métalloïdes peuvent se combiner facilement avec lui ; l'acide azotique le dissout à froid ; l'acide sulfurique est sans action sur lui à la température ordinaire ; l'acide sulfhydrique le noircit ; il se recouvre alors d'une mince couche de sulfure d'argent (Ag^2S).

Usages. L'argent n'a pas d'usages à l'état pur, mais allié au cuivre, il sert à la fabrication des monnaies, des bijoux, de la vaisselle de table, des cuillers, des fourchettes, etc. Il sert aussi aujourd'hui à l'argenture des miroirs, procédé qui tend à remplacer l'étamage, etc. Enfin l'industrie en fait de grandes consommations pour l'argenture galvanique (1).

Chlorure d'argent ($AgCl$).

État naturel et préparation. Le chlorure d'argent se trouve dans la nature sous le nom de *cérargyre* ou *kérargyre*, cristallisé en cubes ou en octaèdres. On le prépare en précipitant par l'acide chlorhydrique un sel soluble d'argent.

Propriétés. C'est un corps solide, blanc caillebotté, insoluble dans l'eau, très soluble dans l'ammoniaque et dans l'hyposulfite de sodium. Il fond vers 250° en un liquide jaune qui se solidifie en prenant l'aspect de la corne, d'où le nom de *lune cornée* ou *d'argent corné*; il se décompose par l'action de la lumière.

Usages. Est utilisé en photographie.

Azotate d'argent (AzO^3Ag).

Préparation. L'azotate d'argent s'obtient par la concentration d'une dissolution d'argent pur dans l'acide azotique.

Propriétés. C'est un corps solide, incolore, cristallisant en forme de lamelles rhomboïdales, inaltérables à l'air ; soluble dans l'eau ; fond à la température de 218° sans se décomposer ; s'il est alors coulé dans une lingotière, il porte le nom de *pierre infernale;* il se décompose facilement au contact des matières organiques et de la lumière ; il est vénéneux.

Usages. La pierre infernale est utilisée par les chirurgiens pour ronger les chairs ; la médecine l'emploie en dissolution comme caustique ; la photographie en fait de grandes consommations pour la fabrication des plaques sensibles.

XXX. — Or. — Platine.

Or. — Platine.

Or.

État naturel. — L'or ne se trouve dans la nature qu'à l'état natif ou bien à l'état de combinaison avec le tellure, le plomb ou le cuivre. Il y est très répandu, mais ne se trouve en général qu'en très petites quantités, sous la forme de grains appelés *pépites*, dans les sables d'alluvions. Il se rencontre surtout en Californie, en Australie et dans les monts Ourals.

Extraction. — C'est par des lavages à l'eau courante que l'on retire l'or des sables aurifères ; par suite de sa plus grande densité, l'or se dépose au fond des récipients spéciaux dans lesquels s'opère le lavage ; les autres substances sont dissoutes ou entraînées. L'or ainsi obtenu est dissous dans le mercure et l'amalgame est soumis à la distillation.

L'extraction de l'or contenu dans les roches quartzeuses est plus pénible. Il faut d'abord extraire les masses de quartz à la pioche, puis les broyer dans des appareils spéciaux, avant de procéder à l'amalgamation. L'or se trouve souvent associé au plomb, au cuivre et à l'argent. On le sépare du plomb par la coupellation, et pour le retirer de l'argent et du cuivre on commence par le fondre avec une assez grande quantité d'argent, de manière à ce que l'alliage ne contienne pas plus de 20 p. 100 d'or, et on l'attaque par l'acide sulfurique concentré et bouillant qui forme des sulfates. L'or se précipite sous la forme d'une poudre brune ; il est fondu et coulé en lingot.

Remarque. — Si la masse contenait plus de 20 p. 100 d'or, il fondrait avec une certaine quantité d'argent sous l'action de l'acide sulfurique ; ainsi s'explique l'addition de l'argent avant de commencer l'affinage. On a aussi appliqué l'électricité à la métallurgie de l'or. — L'or est transformé en cyanure double d'or et de potassium $4AuCy, KCy$ soluble, et dans ce bain on dispose une cathode en plomb et une anode en tôle. Le courant a une tension de 4 volts et une intensité de 0,6 ampères par mètre carré de cathode. L'or se porte ainsi sur le plomb d'où on l'extrait ensuite par coupellation (Siemens).

Propriétés. — L'or est un métal d'une belle couleur jaune caractéristique ; sa densité est de 19,5 ; il fond vers 1045°. C'est le plus ductile et le plus malléable de tous les métaux ; il est inaltérable à l'air sous toutes les températures. Les acides sulfurique, azotique, chlorhydrique, sulfhydrique, isolés, et les alcalis sont sans action sur lui. Il se dissout dans le mercure à toutes les températures, et dans l'eau régale en donnant le chlorure d'or.

Usages. — Il sert aux mêmes usages que l'argent. Pour la dorure électrochimique, on utilise le cyanure double d'or et de potassium. Le chlorure d'or est employé en photographie pour les bains de virage.

Platine (Pt).

État naturel. — Le platine se trouve à l'état natif dans les mêmes terrains d'alluvions que l'or et le diamant. Il se présente sous la forme de petits grains, associés avec beaucoup d'autres métaux, tels que l'*iridium*, le *palladium* et des paillettes d'or.

Extraction. — On commence par débarrasser le minerai du sable qu'il renferme, par de nombreux lavages. On le sépare ensuite de l'or par le mercure, puis on le traite par l'eau régale qui dissout tout le platine, avec une petite quantité des autres métaux qui l'accompagnent. Puis on ajoute du chlorure d'ammonium qui y forme un précipité jaune de chloroplatinate d'ammonium. Ce précipité est lavé et, calciné au rouge, se décompose : le chlore et l'ammoniaque se dégagent, et le résidu est *la mousse ou éponge de platine* : on l'agglomère dans un four spécial en chaux vive, sous l'action du chalumeau à gaz oxhydrique (1).

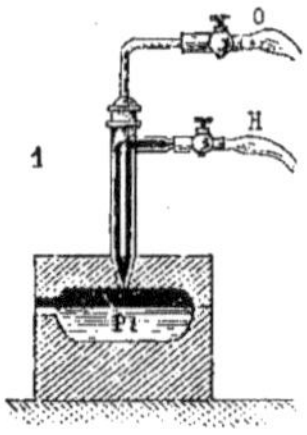

Propriétés. — Le platine est un métal de couleur blanc-grisâtre, d'une densité égale à 21,5, ductile, tenace, fondant à une température de 2000° environ. Il n'est oxydable directement à aucune température ; aucun acide n'a d'action sur lui : l'eau régale l'attaque à chaud, ainsi que les alcalis bouillants. Il est très poreux ; à l'état de mousse de platine, il condense les gaz et produit ainsi assez de chaleur pour les enflammer. *Exemple :* briquet à gaz hydrogène.

Usages. — Son prix élevé en limite l'emploi. Il sert à la fabrication d'ustensiles inattaquables par les acides : creusets, cornues, etc., de fils employés en électricité. Allié au cuivre, il forme un alliage employé en bijouterie.

Réactifs qui caractérisent les principaux métaux.

Groupe I
K, Na, (AzH⁴), Ba, Ca.

Potassium. — *Les sels de potassium donnent*
- avec l'acide chlorique, un précipité blanc de chlorate de potassium.
- avec l'acide hydrofluosilicique, un précipité blanc d'hydrofluosilicate de potassium, d'abord gélatineux et transparent.
- avec le chlorure de platine, un précipité jaune de chlorure double de potassium et de platine $2KCl + PtCl^4$.

Sodium. — *Les sels de sodium*
- colorent en jaune la flamme obscure d'un bec Bunsen.
- avec le pyroantimoniate de potassium, donnent un précipité blanc de pyroantimoniate de sodium.

Ammonium. — *Les sels d'ammonium donnent*
- avec l'acide chlorique, — rien —.
- avec l'acide hydrofluosilicique, un précipité blanc gélatineux.
- avec le chlorure de platine, un précipité jaune de chlorure double d'ammonium et de platine : $2(AzH^4Cl) + PtCl^4$.

Baryum. — *Les sels de baryum*
- donnent, avec l'acide sulfurique ou un sulfate, un précipité blanc.
- donnent, avec le carbonate de potassium, de sodium, un précipité blanc.
- colorent les flammes en jaune vert.

Calcium. — *Les sels de calcium*
- donnent, avec l'acide sulfurique ou un sulfate, un précipité blanc, soluble dans les liqueurs très étendues.
- donnent, avec le carbonate de potassium, de sodium, un précipité blanc.
- colorent les flammes en jaune orangé.

Groupe II
Mg, Mn, Al.

Magnésium. — *Les sels de magnésium*
- avec la potasse, la soude, donnent un précipité blanc de MgO, H^2O.
- avec le carbonate de potassium, de sodium, précipité blanc.
- avec le phosphate de sodium, précipité blanc de phosphate double :

$$(PO^4)^2Mg^2(AzH^4) + 6H^2O.$$

Manganèse. — *Les sels de manganèse donnent*
- avec la potasse, un précipité blanc rosé MnO, H^2O, noircissant à l'air.
- avec le carbonate de potassium, un précipité blanc.
- avec le sulfure de sodium, un précipité couleur de chair (MnS).

Aluminium. — *Les sels de l'aluminium donnent*
- avec la potasse, précipité blanc soluble dans un excès du réactif.
- avec l'ammoniaque, précipité blanc.
- avec une dissolution concentrée de sulfate de potassium, il y a formation de petits cristaux d'alun.

Réactifs qui caractérisent les principaux métaux.

Groupe III Fe, Zn, Ni.	Fer.	*Sels à base* *FeO*	avec la potasse, précipité blanc verdâtre devenant ocreux à l'air. avec le carbonate de potassium, précipité blanc devenant vert à l'air. avec le sulfure de sodium, précipité noir de sulfure de fer. avec le cyanure rouge de potassium, précipité bleu. avec l'acide tannique, — rien.
		Sels à base *Fe^2O^3*	avec la potasse, précipité ocreux de sesquioxyde de fer : $2Fe^2O^3$, $3H^2O$. avec le cyanure jaune de potassium, précipité bleu (bleu de Prusse). avec l'acide tannique, précipité noir (encre).
	Zinc.	*Les sels de zinc* *donnent*	avec la potasse, la soude, précipité blanc de ZnO, H^2O, soluble dans excès de réactif. avec le sulfure de sodium, précipité blanc de sulfure de zinc ZnS. avec le carbonate de potassium, précipité blanc. avec le cyanure jaune de potassium, précipité blanc.
	Nickel.	*Les* *sels de nickel* *donnent*	avec la potasse ou un carbonate alcalin, précipité vert-pomme. avec l'ammoniaque, précipité vert, soluble dans un excès de réactif qui rend la liqueur violette. avec le sulfure de sodium, précipité noir.
Groupe IV Sn, Sb.	Étain.	*Sels stanneux*	avec la potasse, précipité blanc soluble dans excès de réactif. avec l'ammoniaque ou un carbonate alcalin, précipité blanc. avec l'acide sulfhydrique ou le sulfure de sodium, précipité brun-marron. avec le chlorure de mercure, précipité blanc de HgCl, devenant peu à peu noir par suite de sa transformation en mercure métallique.
		Sels *stanniques*	avec la potasse, l'ammoniaque ou un carbonate alcalin, précipité blanc. avec l'acide sulfhydrique, précipité jaune. Les deux sels mélangés donnent, avec un sel d'or, le pourpre de Cassius.
	Antimoine.	*Les sels* *d'antimoine*	avec la potasse, donnent un précipité blanc, soluble dans excès de réactif. avec l'acide sulfhydrique, précipité rouge orangé. avec un sel d'or, précipité brun d'or métallique réduit.

Réactifs qui caractérisent les principaux métaux.

Groupe V Cu, Pb.	Cuivre.	*Les sels de cuivre donnent*	avec la potasse, précipité bleu qui noircit à l'ébullition en devenant anhydre. avec l'ammoniaque, précipité blanc bleuâtre qui se dissout dans un excès de réactif, en donnant une liqueur d'un beau bleu (bleu céleste). avec l'acide sulfhydrique, précipité noir. avec le cyanure jaune de potassium, précipité rouge-marron.
	Plomb.	*Les sels de plomb donnent*	avec la potasse, précipité blanc (PbO, H^2O). avec l'acide sulfhydrique, précipité noir. avec l'acide chlorhydrique et l'acide sulfurique, précipité blanc. avec l'iodure de potassium, précipité jaune.
Groupe VI Hg, Ag, Au, Pt.	Mercure.	*Sels mercureux*	avec la potasse, l'ammoniaque, précipité noir. avec l'acide chlorhydrique, précipité blanc de calomel ($HgCl$). avec l'acide sulfhydrique, précipité noir.
		Sels mercuriques	avec la potasse, précipité jaune de HgO, H^2O. avec l'iodure de potassium, précipité rouge, soluble dans excès de réactif. avec l'acide chlorhydrique, — rien.
	Argent.	*Les sels d'argent donnent*	avec la potasse, précipité brun d'oxyde d'argent hydraté. avec l'acide chlorhydrique ou un chlorure, précipité blanc caillebotté. avec l'acide sulfhydrique, précipité noir. avec l'iodure de potassium, précipité jaunâtre.
	Or.	*Les sels d'or donnent*	avec la potasse, précipité brun. avec l'ammoniaque, précipité jaune fulminant. avec l'acide sulfhydrique, précipité noir. avec le sulfate de fer, précipité brun d'or métallique.
	Platine.	*Les sels de platine donnent*	avec la potasse ou ses sels, précipité jaune de chlorure double. avec l'acide sulfhydrique, précipité noir. avec le sulfate de fer, — rien.

<table>
<tr><td rowspan="12" style="writing-mode:vertical-lr">Notions de chimie organique.</td></tr>
</table>

Notions de chimie organique.

Définitions.

On appelle *substances organiques* les composés bien définis qu'on peut retirer de l'organisme des animaux et des végétaux. Parmi ces substances, les unes sont *organisées*, c'est-à-dire formées de cellules douées de vie, et elles ne peuvent pas être reproduites artificiellement ; les autres ressemblent aux composés de la chimie minérale, en ce sens qu'elles peuvent fondre, se vaporiser, cristalliser, subir l'action des acides ou des bases pour donner naissance à des corps nouveaux, etc. ; de plus, un grand nombre d'entre elles ont pu être reproduites par synthèse, comme l'urée, l'alizarine, le sucre, etc.

Eléments des matières organiques.

Toutes ces matières contiennent du charbon, de sorte qu'on peut dire que leur étude constitue la chimie du charbon. Les plus simples ne renferment que du charbon et de l'hydrogène ; elles forment la classe des carbures d'hydrogène. D'autres, très nombreuses, sont formées de charbon, d'hydrogène et d'oxygène ; enfin les matières dites *azotées* comprennent en général les quatre éléments : charbon, hydrogène, oxygène et azote. Toutefois, dans les composés artificiels qu'on peut créer à l'infini, on peut faire rentrer le chlore, le brome, l'iode, l'arsenic, le phosphore, le silicium et même le zinc.

Matières azotées.

Il sera toujours facile de reconnaître à l'avance si une matière organique est azotée à ce caractère que, chauffée avec de la potasse caustique, elle produit un dégagement d'ammoniaque.

Analyses d'une matière organique.

Analyse immédiate.

Le premier soin à prendre dans l'étude d'une matière organique est de l'isoler, à l'état de pureté, des autres substances auxquelles elle est mélangée ou combinée. On peut employer des moyens mécaniques tels que la malaxation, la pression, comme pour l'amidon, les huiles, les sucres ; des moyens physiques tels que les dissolvants : la distillation, comme pour les graisses, le camphre, la benzine ; et enfin des moyens chimiques tels que l'emploi des acides ou des bases, pour préparer la quinine, l'acide oxalique, etc.

Analyse élémentaire.

Pour doser ensuite les divers éléments d'une substance pure et sèche, on en brûle un poids connu en présence d'un excès d'oxygène fourni par de l'oxyde de cuivre.

1er cas.

Si la substance n'est pas azotée, sa combustion effectuée dans un long tube de verre, fournira simplement CO^2 et H^2O qu'on fera absorber par des tubes à acide sulfurique et à potasse. De leurs poids on déduit les poids de C et de H, et par différence on aura le poids d'oxygène.

2e cas.

Si la substance est azotée, on procède en deux phases. Dans la première, on dose comme précédemment C et H, en ajoutant une petite colonne de cuivre dans le tube, pour que, chauffée, elle détruise les composés oxygénés de l'azote qui pourraient se former. Dans la seconde phase, on recommence l'opération avec un tube préparé de la même façon, mais on balaye l'air du tube par un courant d'acide carbonique, au début et à la fin de la combustion, et on recueille l'azote dans une éprouvette en présence d'une dissolution de potasse. Du volume de gaz azote on déduit son poids, et l'oxygène sera toujours obtenu par différence.

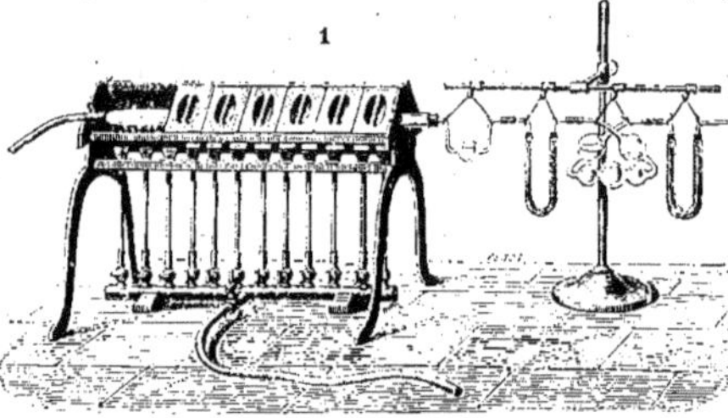

Classification des corps organiques. Fonctions.

Classification. D'après la nature de leurs éléments, et surtout d'après leurs propriétés chimiques essentielles, les composés organiques ont été groupés en six classes principales ou *fonctions*, de sorte qu'il suffira de faire une étude complète du corps qui sert de type à chaque fonction, pour connaître les propriétés chimiques fondamentales de tous les autres corps appartenant à cette fonction. Ces fonctions comprennent :

Principales fonctions.

1° Les carbures d'hydrogène.	3° Les aldéhydes.	5° Les éthers.	7° Les alcalis.
2° Les alcools.	4° Les acides.	6° Les phénols.	8° Les amides.

I — Carbures d'hydrogène.

Les carbures d'hydrogène, excessivement nombreux, ont été eux-mêmes subdivisés en plusieurs séries qui sont les suivantes :

1° Carbures saturés ou paraffines C^nH^{2n+2}. — Le type de cette série est le *méthane* CH^4, qui avec le chlore ne peut pas former des produits d'addition, mais donne directement des produits de substitution.
Dans cette série, on place l'éthane C^2H^6, la paraffine $C^{24}H^{50}$, solide, combustible, et qui est un excellent isolateur pour les appareils d'électricité.

2° Carbures éthyléniques C^nH^{2n}. — Le type est l'*éthylène* C^2H^4 auquel peuvent s'ajouter deux atomes de chlore pour donner $C^2H^4Cl^2$, et qui avec HI donne un éther C^2H^5I, que la potasse transforme en alcool C^2H^6O et iodure de potassium.

3° Carbures acétyléniques C^nH^{2n-2}. — Le type est l'*acétylène* que M. Berthelot a obtenu directement par synthèse. Ces corps donnent des polymères par l'action de la chaleur, et avec le chlore ils forment des produits d'addition.

4° Carbures camphéniques C^nH^{2n-4}. — Le type est l'*essence de térébenthine* $C^{10}H^{16}$. Dans cette série on peut placer les essences en général, qui, avec l'acide chlorhydrique, donnent un produit solide $C^{10}H^{16}$, HCl appelé camphre artificiel.

5° Carbures aromatiques C^nH^{2n-6}. — Dans cette série se place la *benzine* C^6H^6 qu'on retire du goudron de houille. Le chlore donne avec la benzine des produits d'addition et de substitution, et l'acide azotique donne la nitrobenzine $C^6H^5(AzO^2)$, facile à convertir en aniline C^6H^7Az.

6° Carbures pyrogénés C^nH^{2n-8}. — Le principal carbure de cette dernière série est la *naphtaline* $C^{10}H^8$. Le chlore et le brome donnent très facilement avec elle des produits d'addition. On la retire des huiles lourdes des goudrons, ainsi qu'un autre carbure de cette série nommé *anthracène* qui, par oxydation, fournit l'*anthraquinone*, base de la préparation de l'*alizarine*.

Fonctions alcool, aldéhyde et acide.

Fonctions alcool, aldéhyde et acide.

Fonction alcool.

Le type de la fonction alcool est l'alcool ordinaire C^2H^6O, *ou alcool éthylique.* Ce corps provient de la fermentation du jus sucré des raisins, ou encore de la fermentation des glucoses sous l'action de la levure de bière. Ces glucoses se préparent soit avec des farines de grains, soit avec la fécule des pommes de terre, et les alcools qui en dérivent se nomment alcools d'industrie.

L'alcool est caractérisé par les trois réactions suivantes :

1° *Partiellement oxydé il se convertit en* **aldéhyde** : $C^2H^6O + O = C^2H^4O + H^2O$.

2° *Par une oxydation plus complète on a* **un acide** : $C^2H^6O + O^2 = H^2O + C^2H^4O^2$ *acide acétique.*

3° *Sous l'influence d'un acide, l'alcool se comporte comme une base analogue à la potasse* KOH, en considérant le groupe C^2H^5 comme un radical nommé *éthyle* et écrivant sa formule $(C^2H^5)OH$; on a donc un sel qu'on nomme *éther* en général.

$$(C^2H^5)OH + HCl = H^2O + (C^2H^5)Cl \text{ éther chlorhydrique ou chlorure d'éthyle.}$$

Certains alcools pour se convertir en sels ou en éthers exigent deux, trois molécules d'acides ; on les nomme *alcools polyatomiques*. — Ainsi la glycérine $C^3H^8O^3$ est un alcool triatomique; la *mannite* $C^6H^{14}O^6$ est un alcool hexatomique se combinant à six molécules de HCl.

Fonction aldéhyde.

Si on distille de l'alcool en présence d'un mélange de bioxyde de manganèse et d'acide sulfurique qui produit de l'oxygène, l'alcool perd deux atomes d'hydrogène et devient aldéhyde C^2H^4O.

Les caractères des aldéhydes sont les suivants :

1° *Elles sont très avides d'oxygène et tendent à se transformer en acides.* — Ainsi l'aldéhyde de l'alcool ordinaire réduit les sels d'argent, et on utilise cette propriété pour argenter le verre.

2° *En présence de l'amalgame de sodium qui fournit de l'hydrogène, elles régénèrent l'alcool.*

3° *Elles se combinent aux bisulfites alcalins pour donner des produits cristallisés.*

4° *Avec le chlore, elles donnent des produits de substitution :* ainsi le composé C^2HCl^3O est le chloral.

Les glucoses sont l'aldéhyde de la mannite et ils ont pour formules $C^6H^{12}O^6$. — Le sucre ordinaire résulte de la combinaison de deux molécules de glucose avec élimination de H^2O : $C^{12}H^{22}O^{11} = 2(C^6H^{12}O^6) - H^2O$.

Fonction acide.

L'alcool, sous l'action d'un ferment, le *mycoderma aceti*, prend deux atomes d'oxygène et se convertit en vinaigre ou acide acétique : $C^2H^6O + O^2 = H^2O + C^2H^4O^2$. On l'obtient, soit par l'oxydation de l'alcool du vin ou de la bière par le ferment acétique, soit par la calcination du bois en vase clos.

Le glycol ou alcool biatomique $C^2H^6O^2$ peut, par des oxydations graduées, donner d'abord deux aldéhydes $C^2H^4O^2$ et $C^2H^2O^2$, puis deux acides, l'un $C^2H^4O^3$ monobasique, nommé acide glycolique, l'autre $C^2H^2O^4$ qui est l'acide oxalique bibasique.

De même la glycérine $C^3H^8O^3$, alcool triatomique, devrait donner trois acides; le premier $C^3H^6O^3$ nommé glycérique monobasique, le second $C^3H^4O^5$ bibasique et le troisième $C^3H^2O^6$ tribasique. Mais ces deux derniers n'ont pas encore été obtenus directement.

Fonctions éther et amide.

Fonction éther.

Un éther, nous l'avons déjà dit, *est un sel de l'alcool, formé avec élimination d'eau.* Les acides monobasiques tels que HCl, AzO³H ne peuvent donner qu'un éther :

$$HCl + (C^2H^5)OH = H^2O + (C^2H^5)Cl \quad \text{éther chlorhydrique ou chlorure d'éthyle,}$$
$$AzO^3H + (C^2H^5)OH = H^2O + AzO^3(C^2H^5) \quad \text{éther azotique ou azotate d'éthyle.}$$

De même que l'acide sulfurique SO^4H^2 bibasique peut donner avec le potassium les deux sels : SO^4K^2, SO^4KH, de même avec l'alcool il donne les deux éthers :

$$SO^4(C^2H^5)^2 \quad \text{éther sulfurique neutre,}$$
$$SO^4H(C^2H^5) \quad \text{éther sulfurique acide, ou acide sulfovinique.}$$

Inversement, la glycérine, alcool triatomique, peut se combiner à une, deux, trois molécules de HCl pour donner trois éthers :

$$C^3H^8O^3 + HCl = H^2O + C^3H^7O^2Cl \quad \text{monochlorhydrine,}$$
$$C^3H^8O^3 + 2HCl = 2H^2O + C^3H^6OCl^2 \quad \text{dichlorhydrine,}$$
$$C^3H^8O^3 + 3HCl = 3H^2O + C^3H^5Cl^3 \quad \text{trichlorhydrine.}$$

Les corps gras en particulier sont des éthers de la glycérine, où les acides combinés sont l'acide stéarique, l'acide margarique, l'acide oléique. Ainsi la stéarine est un tristéarate de glycérine : $C^3H^5(C^{18}H^{35}O^2)^3$.
En traitant un éther par la potasse, on met l'alcool en liberté. Ainsi :

$$(C^2H^5)Cl + KOH = KCl + C^2H^6O.$$

En agissant de même sur la stéarine, on met la glycérine en liberté, et on forme un stéarate de potassium soluble ou un *savon*, et l'opération se nomme une *saponification*.
Si on traite l'éther $(C^2H^5)Cl$ par l'ammoniaque, on a une *amine* : $(C^2H^5)Cl + AzH^3 = HCl + C^2H^7Az$; mais si l'éther est à acide oxygéné, on a une *amide*, et l'alcool est régénéré. Ainsi avec l'éther acétique, on a :

$$C^2H^3O^2(C^2H^5) + AzH^3 = C^2H^6O + AzH^2C^2OH^3 \text{ } \textit{acétamide.}$$

Fonction amide.

Les amides peuvent s'obtenir, comme nous venons de le dire, en faisant agir l'ammoniaque sur un éther à acide oxygéné, mais on les obtient encore en enlevant de l'eau au sel ammoniacal correspondant :

Acétate d'ammonium $C^2H^3O^2(AzH^4) - H^2O = AzH^2C^2OH^3 \text{ } \textit{acétamide,}$
Oxalate d'ammonium $C^2O^4(AzH^4)^2 - 2H^2O = (AzH^2)^2C^2O^2, \text{ } \textit{o.ramide,}$
Carbonate d'ammonium $CO^3(AzH^4)^2 - 2H^2O = (AzH^2)^2CO \text{ } \textit{carbamide}$ ou *urée.*

Si aux sels ammoniacaux précédents on enlevait de l'eau par l'action de l'anhydride phosphorique, on aurait des *nitriles*. Ainsi :

$$C^2H^3O^2(AzH^4) - 2H^2O = (CH^3)CAz \text{ } \textit{acétonitrile}$$ ou *cyanure de méthyle,*
$$C^2O^4(AzH^4)^2 - 4H^2O = C^2Az^2 \text{ } \textit{cyanogène.}$$

Fonctions phénol et alcali.

Fonctions phénol et alcali.

Fonction phénol.

La fonction phénol est une fonction intermédiaire entre celle d'un alcool et celle d'un acide. En effet, comme un alcool, un phénol donne un éther avec les acides énergiques, mais inversement, il peut donner des sels avec les bases énergiques, telles que la potasse ou la soude. Enfin avec le chlore, on obtient des produits de substitution, et, avec l'acide azotique, au lieu d'avoir un éther, on a un produit nitré, détonant l'acide picrique. Le phénol ordinaire C^6H^6O peut s'écrire $(C^6H^5)OH$, et le radical correspondant se nomme *phényle*. Il se retire du goudron de houille et se présente sous forme de cristaux odorants, employés comme désinfectante, et pour la préparation des matières colorantes.

Enfin, comme pour les alcools, il y a des phénols biatomiques : ainsi la *pyrocatéchine*, l'*hydroquinone*, et même des phénols triatomiques comme l'*acide pyrogallique*.

Fonction alcali.

Ammoniaques composés.

Par l'action de l'ammoniaque sur l'éther $(C^2H^5)I$, le radical C^2H^5 se substitue à un atome de l'hydrogène de l'ammoniaque en donnant un nouvel alcali nommé *éthylamine*.

$$(C^2H^5)I + Az \begin{cases} H \\ H \\ H \end{cases} = HI + Az \begin{cases} C^2H^5 \\ H \\ H \end{cases} \quad \text{éthylamine.}$$

De même l'éthylamine agissant sur le même éther donnerait la *diéthylamine*, et cette dernière, la *triéthylamine*.

$$Az \begin{cases} C^2H^5 \\ C^2H^5 \\ H \end{cases} \qquad Az \begin{cases} C^2H^5 \\ C^2H^5 \\ C^2H^5 \end{cases}$$

Chaque alcool peut donner des amines correspondantes; le phénol donne $Az \begin{cases} C^6H^5 \\ H \\ H \end{cases}$ qui est l'*aniline*. — Enfin on peut faire entrer dans la même ammoniaque composée des radicaux d'alcools différents; on peut même remplacer AzH^3 par PH^3 ou AsH^3 et obtenir des *phosphines* ou des *arsines*, de sorte que le nombre de ces corps est illimité.

Ils jouissent des propriétés caractéristiques de l'ammoniaque, c'est-à-dire qu'ils se combinent aux acides, précipitent les oxydes insolubles, les sels de platine, etc.

Alcalis naturels.

Ils se rencontrent dans les végétaux à l'état de sels, avec les acides tannique, malique, quinique, etc.

Ce sont des produits complexes, azotés, précipitant les sels de platine comme l'ammoniaque.

Les principaux alcalis naturels sont :

1° *La quinine.* — Extraite du quinquina et employée comme fébrifuge à l'état de sulfate.
2° *La strychnine.* — Extraite de la noix vomique. — Poison très violent.
3° *La morphine.* — Extraite de l'opium. — Peut servir d'anesthésique. — Poison violent.
4° *La nicotine.* — Retirée des feuilles du tabac.
5° *L'atropine.* — Retirée de la belladone — agit spécialement sur la pupille.
6° *La cocaïne.* — Retirée de la coca et employée comme anesthésique local.

1. *Combien peut-on préparer de litres d'hydrogène avec 100 grammes de zinc, en supposant que le gaz est reçu sur une cuve à mercure à 20° et mesuré sous la pression de 75cm?*

La réaction est : $Zn + SO^4H^2 = SO^4Zn + H^2$.
Le poids atomique du zinc étant 64,8. tandis que celui de H est 1, cela veut dire que 64,8 grammes de zinc donnent 2 grammes d'hydrogène, donc 100 grammes en donneront : $\frac{2}{64,8} \times 100$;
par suite le volume V du gaz en litres sera donné par :

$$\frac{200}{64,8} = \frac{V.1,293 \times 0,0092}{1 + 0,00367 \times 20} \times \frac{75}{76}.$$

2. *Combien peut-on préparer de litres d'hydrogène avec 100 grammes de zinc, en supposant le gaz recueilli sur une cuve à eau, à la température de 20° et mesuré sous la pression extérieure de 75cm? La tension maximum de la vapeur d'eau à 20° vaut 17mm.*

Comme précédemment, on trouve que les 100 grammes de zinc fournissent un poids d'hydrogène égal à $\frac{200}{64,8}$. Mais le gaz dans ce cas est saturé de vapeur d'eau; donc puisque la pression du mélange vaut 75cm de mercure, la pression de l'hydrogène seul vaut 750 — 17 millimètres de mercure, et par suite son volume sera donné par :

$$\frac{200}{64,8} = \frac{V.1,293 \times 0,0092}{1 + 0,00367 \times 20} \times \frac{750 - 17}{760}.$$

On voit facilement qu'il sera plus grand que précédemment.

Questions proposées.

3. *Combien peut-on avoir de litres d'oxygène en décomposant par la chaleur 50 grammes de chlorate de potassium, et recueillant le gaz sur une cuve à mercure à 10°, et sous la pression de 74cm?*

$$\text{Poids atomiques de} \begin{cases} Cl = 35,5 \\ O = 16 \\ K = 39. \end{cases}$$

4. *Combien 500 grammes de bioxyde de manganèse, décomposés au rouge, donneront-ils de litres d'oxygène sur une cuve à eau à 12° et mesurés sous la pression extérieure de 74cm? Tension maximum de la vapeur d'eau, 10mm.*

$$\text{Poids atomiques de} \begin{cases} Mn = 55 \\ O = 16. \end{cases}$$

5. *Combien faut-il employer de zinc pour recueillir 1 mètre cube d'hydrogène sec à 0°, sous la pression de 755mm de mercure?*

6. *Combien faut-il employer de cuivre pour remplir de bioxyde d'azote une cloche de 50 litres, renversée sur une cuve à eau, sachant que les conditions extérieures sont : température 20°, pression atmosphérique 752mm, tension de la vapeur d'eau 17mm?*

$$\text{Poids atomiques de} \begin{cases} Cu = 63 \\ Az = 14 \\ O = 16. \end{cases}$$

7. *En analysant le chlorure de phosphore, on a trouvé que le rapport des poids de chlore et de phosphore est $\frac{a}{b}$. Connaissant les densités 2,44 du chlore, 4,35 de la vapeur de phosphore et 4,74 du chlorure de phosphore, en déduire la composition en volumes.*
Soit x le volume de chlore en litres, qui est combiné à 1 litre de vapeur de phosphore, on aura :

$$\frac{x \times 1,293 \times 2,44}{1,293 \times 4,35} = \frac{a}{b},$$

de là on déduit $x = 6$.
D'autre part, si y est le volume de vapeur du chlorure, on a :

$$1,293 \times 4,35 + 6 \times 1,293 \times 2,44 = y \times 1,293 \times 4,74$$

d'où $y = 4$.

Donc 2 vol. de chlorure de phosphore sont formés de $\frac{1}{2}$ vol. de vapeur de phosphore combiné à 3 vol. d'hydrogène.

8. *En décomposant le bioxyde d'azote par son passage sur une colonne de cuivre porté au rouge, et recueillant l'azote dans un ballon, comme pour l'analyse en poids de l'air par la méthode de Dumas, on a trouvé qu'il est formé de 14 grammes d'azote pour 16 grammes d'oxygène. — En déduire sa composition en volumes.*

$$\text{Densités} \begin{cases} Az &= 0,972 \\ O &= 1,1056 \\ AzO &= 1,039. \end{cases}$$

Soit x le volume d'oxygène combiné à 1 litre d'azote, on a :

$$\frac{1,293 \times 0,972}{x \times 1,293 \times 1,1056} = \frac{14}{16} \text{ d'où } x = 1.$$

Si y est le volume de bioxyde d'azote, on a :

$$1,293 \times 0,972 + 1,293 \times 1,1056 = y \times 1,293 \times 1,039$$

d'où $y = 2$.

---

9. *Pour analyser l'éthylène, on fait passer dans un eudiomètre 2 volumes de gaz et un excès d'oxygène, 10 volumes par exemple. Après l'étincelle on trouve 8 volumes, dont 4 sont absorbables par la potasse et sont par suite formés d'acide carbonique, tandis que les 4 volumes restant sont de l'oxygène pur. Déduire de là la composition du gaz.*

D'après la composition connue de l'acide carbonique, les 4 volumes de ce gaz contiennent 4 volumes d'oxygène et 2 volumes de vapeur de charbon; puisqu'il reste 4 volumes d'oxygène, 2 volumes d'oxygène ont disparu pour former de l'eau en se combinant à 4 volumes d'hydrogène, donc :

$$2 \text{ vol. éthylène contiennent } \begin{cases} 2 \text{ vol. vapeur de carbone} \\ 4 \text{ vol. d'hydrogène,} \end{cases}$$

et la condensation est de $\frac{2}{3}$. La formule du gaz rapportée à deux volumes sera C^2H^4, et celle de la combustion :

$$C^2H^4 + 10O = 2CO^2 + 4O + 2H^2O.$$

---

10. *Pour analyser l'acide cyanhydrique, on fait passer dans un eudiomètre 4 vol. de vapeur de ce corps et 5 vol. d'oxygène, et après l'étincelle, on trouve 4 vol. d'anhydride carbonique absorbables par la potasse, et un résidu de 2 vol. d'azote. En déduire la composition du gaz.*

Comme précédemment, les 4 vol. d'anhydride carbonique contiennent 2 vol. de vapeur de carbone et 4 vol. d'oxygène; donc 1 vol. d'oxygène a dû se combiner à 2 vol. d'hydrogène pour former de l'eau; par suite :

$$\begin{matrix} 2 \text{ vol. de vapeur} \\ \text{d'acide cyanhydrique} \end{matrix} \text{ contiennent } \begin{cases} 1 \text{ vol. vapeur de carbone} \\ 1 \text{ vol. } - \text{ azote} \\ 1 \text{ vol. } - \text{ hydrogène.} \end{cases}$$

La vapeur est donc formée de 1 vol. de cyanogène uni à 1 vol. d'hydrogène sans condensation, comme pour HCl; donc aussi sa formule sera $CAzH$.

Analyse de mélanges gazeux.

11. *Dans un eudiomètre on a introduit 100 volumes d'un mélange d'éthylène et d'hydrogène, puis 250 volumes d'oxygène, et après l'étincelle il est resté 170 volumes, dont 120 sont absorbables par la potasse et 50 par le phosphore. Déduire de là la composition du mélange.*

Si x et y sont les volumes d'éthylène et d'hydrogène, on a :

$$x + y = 100 ;$$

et puisque 200 volumes d'oxygène sont absorbés par la combustion, on a de plus :

$$3x + \frac{1}{2}y = 200,$$

d'où

$$x = 60 \text{ et } y = 40.$$

---

12. *Un eudiomètre contient 100 volumes d'un mélange de méthane, d'éthylène et d'hydrogène; on y fait passer 250 vol. d'oxygène et on fait éclater l'étincelle. Il reste 160 vol. dont 130 sont absorbables par la potasse et 30 par le phosphore; quelle est la composition du mélange?*

Comme précédemment on aura : en appelant x, y, z les volumes des trois gaz

$$x + y + z = 100,$$

et puisqu'il y a 130 vol. d'acide carbonique formé ;

$$x + 2y = 130.$$

Enfin puisqu'il y a eu 220 vol. d'oxygène employés, on a encore :

$$2x + 3y + \frac{1}{2}z = 220,$$

d'où

$$x = 30, \quad y = 50, \quad z = 20.$$

Etablissement d'une formule.

13. *Quand on attaque le cuivre par l'acide azotique, l'expérience montre qu'il se produit un azotate, de l'eau et du bioxyde d'azote. Établir la formule de la réaction.*

En appelant x, y, z, t, u les coefficients inconnus, on aura :

$$x\,AzO^3H + y\,Cu = z\,(AzO^3)^2Cu + t\,H^2O + u\,AzO$$

de là on déduit :

$$x = 2z + u$$
$$3x = 6z + t + u$$
$$x = 2t$$
$$y = z.$$

Nous avons ainsi quatre relations entre cinq inconnues, mais nous pouvons donner à l'une d'elles une valeur arbitraire, prendre par exemple $u = 1$; alors les relations deviennent :

$$x = 2z + 1$$
$$3x = 6z + t + 1$$
$$x = 2t$$
$$y = z,$$

et en résolvant ce système, il vient :

$$x = 4, \quad y = \frac{3}{2}, \quad z = \frac{3}{2}, \quad t = 2, \quad u = 1.$$

La formule de la réaction est alors :

$$4(AzO^3H) + \frac{3}{2}Cu = \frac{3}{2}\left[(AzO^3)^2Cu\right] + 2H^2O + AzO$$

ou mieux :

$$8(AzO^3H) + 3Cu = 3[(AzO^3)^2Cu] + 4H^2O + 2AzO.$$

14. *Quel poids de bioxyde de manganèse faut-il employer pour que le chlore dégagé, agissant sur de l'ammoniaque, produise 100 litres d'azote mesurés à 10° et sous la pression de 75cm?*

Poids atomiques de $\begin{cases} Mn = 55 \\ Cl = 35{,}5 \\ Az = 15. \end{cases}$

(Lille.)

15. *Un carbure d'hydrogène est mêlé dans un eudiomètre avec de l'oxygène, dans la proportion de 2 vol. de carbure pour 7 d'oxygène. Après l'étincelle il y a un résidu de 6 volumes, composés de 2 vol. d'anhydride carbonique pour 4 d'oxygène. — Déduire de là la composition du gaz et sa formule.*

(Grenoble.)

16. *Deux litres d'un mélange d'hydrogène et d'acide sulfhydrique ont exigé pour brûler complètement 225cc de protoxyde d'azote. Dans quelle proportion les deux gaz se trouvaient-ils mélangés?*

(Bordeaux.)

17. *Quels sont les volumes d'oxygène, de protoxyde d'azote, de bioxyde d'azote nécessaires pour brûler complètement 18 grammes de charbon pur. Quel est le volume d'anhydride carbonique obtenu successivement dans les trois cas, en supposant les gaz mesurés à 0° et à 760mm.*

Poids atomiques de $\begin{cases} C = 12 \\ O = 16 \\ Az = 14. \end{cases}$

(Bordeaux.)

18. *Dans un vase de 10 litres on mêle de l'oxygène et de l'hydrogène dans la proportion des gaz de l'eau, et en quantités telles qu'ils pourraient former 26 grammes d'eau. Quelle sera la pression de ce mélange?*

Poids atomiques de $O = 16$, densité hydrogène $= 0{,}0692$.

(Lyon.)

19. *Quel est le volume d'oxygène qu'il faudrait ajouter à 100 litres d'air, ces gaz étant à 15° et sous la pression 750mm, pour que le rapport du poids de l'azote et de l'oxygène soit le même que dans l'anhydride azotique.*

20. *Quel est à 0° sous la pression 760mm, le volume de cyanogène fourni par 100 grammes de cyanure de mercure? Quel est de plus le poids de chlorate de potassium qui fournirait l'oxygène nécessaire à sa combustion.*

Poids atomiques de $\begin{cases} C = 12 \\ Az = 14 \\ O = 16 \\ K = 39 \\ Hg = 200 \end{cases}$ densité cyanogène $= 1{,}8$.

(Concours général.)

21. *Combien faut-il de charbon pour convertir en anhydride carbonique tout l'oxygène d'un kilogramme d'azotate de potassium? Combien aura-t-on de carbonate de potassium, et quel sera le volume d'azote qui se dégagera à 0° sous la pression 760mm.*

Poids atomiques de $\begin{cases} C = 12 \\ Az = 14 \\ O = 16 \\ K = 39, \end{cases}$

(Concours général.)

TABLE DES MATIÈRES

SAINT-CLOUD. — IMPRIMERIE BELIN FRÈRES